中央高校教育教学改革基金(本科教学工程)资助

数字地质填图方法技术

Methods and Technology for Digital Geological Mapping

主　编：王成彬　梅红波
副主编：赵江南　张　洁　汪新庆　刘园园
　　　　胡苏李扬

图书在版编目(CIP)数据

数字地质填图方法技术/王成彬,梅红波主编. —武汉:中国地质大学出版社,2025.7.
—ISBN 978-7-5625-6208-5
Ⅰ.P623-39
中国国家版本馆 CIP 数据核字第 2025KB7800 号

数字地质填图方法技术	王成彬　梅红波	**主　编**
	赵江南　张　洁　汪新庆　刘园园　胡苏李扬	**副主编**

责任编辑:唐然坤	选题策划:王凤林	责任校对:张咏梅

出版发行:中国地质大学出版社(武汉市洪山区鲁磨路388号)		邮编:430074
电　　话:(027)67883511	传　　真:(027)67883580	E-mail:cbb@cug.edu.cn
经　　销:全国新华书店		https://cugp.cug.edu.cn

开本:787mm×1092mm　1/16	字数:269千字	印张:10.5
版次:2025年7月第1版	印次:2025年7月第1次印刷	
印刷:湖北新华印务有限公司		

ISBN 978-7-5625-6208-5	定价:36.00元

如有印装质量问题请与印刷厂联系调换

前言

2015年12月16日,国家主席习近平在第二届世界互联网大会开幕式上宣布中国将大力实施国家大数据战略。同年国务院印发了《促进大数据发展行动纲要》。2016年,国土资源部(现为自然资源部)印发了《关于促进国土资源大数据应用发展的实施意见》。2017年2月以来,教育部积极推进新工科建设,大力发展大数据、云计算、物联网应用、人工智能、虚拟现实等新兴工科专业和特色专业集群。新工科建设的目的就是利用大数据等信息技术改造传统专业,以培养新型卓越工程人才。信息技术的发展为传统的地质矿产调查带来了新的变革,新的方法和工具大大提高了地质调查数据采集、集成和处理过程中的工作效率。地质矿产行业作为传统行业,在大数据和人工智能时代急需加强与其他学科的交叉融合,以促进地质矿产行业发展和新学科方向发展。2021年,教育部发布《2021年度普通高等学校本科专业备案和审批结果》(教高函〔2021〕14号)将"资源环境大数据工程"列入本科地质类新专业名单。

数字地质填图是利用信息技术赋能地质矿产调查数据采集和集成,是以信息技术改造传统学科的典型案例。在中国地质调查局李群超和李丰丹团队经过20年的努力研发下,中国的数字地质调查技术已全面应用于全国地勘行业,并走向国际,服务于国际合作项目及国际地质技术人员培训。在中国地质大学(武汉),有关数字地质填图的课程最早由汪新庆副教授于2010年开设,课程名称为"区域数字地质填图新技术",旨在为周口店野外地质实践的本科生提供数字地质调查方面的培训。15年来,中国地质大学(武汉)一直开设数字地质填图相关课程,但受限于技术的快速更新和迭代,课程教学以自编实习材料为主,未能形成统一的课程教材。数字地质填图技术作为地学研究数据采集的关键环节,在地质大数据研究过程中的地位日趋重要。为响应国家新工科建设要求,顺应地质大数据发展趋势,笔者团队在中国地质大学(武汉)"《数字地质填图方法技术》教材建设""数字地质调查新技术与方法课程案例库建设"和"新工科背景下资源勘查工程大数据英才班建设"教学改革项目的资助下开展了数字地质填图教材的编写工作。

本教材包括数字地质填图基本原理与技术、数字地质填图数据采集与制图、实习案例简介3个部分。第一部分主要介绍了与数字地质填图相关的信息技术、区域地质调查基础和PRB数据模型;第二部分主要介绍了数字地质填图数据采集、实测剖面图绘制、地层柱状图制作、实际材料图绘制、地质图绘制以及人工智能地质图成图技术方法和野外地质实习基地智慧服务云平台;第三部分主要提供了周口店、秭归雾河、武汉喻家山3个重要实习地区的数字地质填图实习内容,包括基础地质背景和实习案例数据。

  本教材绪论、第3章和第4章由王成彬编写,第1章和第6章由梅红波编写,第2章和第5章由赵江南编写,第7章和第8章由张洁编写,第9章由刘园园编写,第10章由胡苏李扬和汪新庆编写,第11章至第13章由王成彬、赵江南和汪新庆编写,全书由王成彬和梅红波统稿。本教材第4章至第8章配套有教学课件、操作视频和示例数据等教学素材,第11章至第13章配套有周口店、秭归雾河和武汉喻家山3个重要实习地区的底图数据,有需要的教师或其他读者可以通过邮箱(wangchb@cug.edu.cn)来函获取相关数据资料和配套教程。本教材既可以作为地学相关专业大学生的基础教材,也可以作为地质勘查人员数字地质调查培训的参考书籍。

  值此书开篇,特别感谢李丰丹团队在本书撰写和修改过程中给予的大力支持。感谢"数字地质调查新技术与方法"课程助教在本教材编写过程中付出的辛勤工作。同时,也对为本教材撰写、编辑出版提供帮助的单位和个人表示衷心的感谢。

笔　者
2025年3月

目 录
CONTENTS

0 绪 论 ……………………………………………………………………………………… (1)
  0.1 地质图的由来 …………………………………………………………………… (1)
  0.2 地质数据的采集方式及变革历史 ……………………………………………… (2)
    0.2.1 数字填图技术研究的前期阶段 …………………………………………… (4)
    0.2.2 数字填图技术的发展与应用阶段 ………………………………………… (5)
  0.3 数字填图技术发展趋势 ………………………………………………………… (7)
    0.3.1 数字地质调查的平台一体化 ……………………………………………… (8)
    0.3.2 数字地质调查的智能化发展 ……………………………………………… (8)
  复习思考题 …………………………………………………………………………… (9)

第1篇 数字地质填图基本原理与技术

1 与数字地质填图相关的信息技术 ………………………………………………… (12)
  1.1 基本概念 ………………………………………………………………………… (12)
    1.1.1 地质信息科学与地理信息系统 …………………………………………… (12)
    1.1.2 地理信息系统组成 ………………………………………………………… (12)
  1.2 空间特性 ………………………………………………………………………… (14)
    1.2.1 地球模型 …………………………………………………………………… (14)
    1.2.2 坐标系统 …………………………………………………………………… (15)
    1.2.3 地图分幅 …………………………………………………………………… (19)
  1.3 空间数据结构 …………………………………………………………………… (21)
    1.3.1 栅格数据结构 ……………………………………………………………… (21)
    1.3.2 矢量数据结构 ……………………………………………………………… (23)
  1.4 空间分析 ………………………………………………………………………… (27)
    1.4.1 空间查询 …………………………………………………………………… (27)

  1.4.2 叠置分析 …………………………………………………………………… (28)

  1.4.3 缓冲分析 …………………………………………………………………… (30)

  1.4.4 空间插值 …………………………………………………………………… (31)

 复习思考题 ……………………………………………………………………………… (32)

2 区域地质调查基础 ……………………………………………………………………… (33)

 2.1 区域地质调查概述 ………………………………………………………………… (33)

  2.1.1 区域地质调查简述 ………………………………………………………… (33)

  2.1.2 区域地质调查特点 ………………………………………………………… (33)

 2.2 我国区域地质调查历史及现状 …………………………………………………… (34)

 2.3 区域地质调查工作分类 …………………………………………………………… (35)

 2.4 区域地质调查内容 ………………………………………………………………… (36)

 2.5 区域地质调查主要工作流程 ……………………………………………………… (38)

 2.6 区域地质调查方法 ………………………………………………………………… (40)

  2.6.1 遥感地质解译 ……………………………………………………………… (40)

  2.6.2 地质路线观测 ……………………………………………………………… (41)

  2.6.3 实测地质剖面 ……………………………………………………………… (42)

  2.6.4 地球物理调查 ……………………………………………………………… (45)

  2.6.5 地球化学调查 ……………………………………………………………… (45)

  2.6.6 工程调查 …………………………………………………………………… (46)

 2.7 成果编制与提交 …………………………………………………………………… (46)

  2.7.1 综合研究 …………………………………………………………………… (46)

  2.7.2 图件编制 …………………………………………………………………… (46)

  2.7.3 报告编写 …………………………………………………………………… (47)

  2.7.4 数据库建设与成果提交 …………………………………………………… (47)

 2.8 区域地质调查发展趋势 …………………………………………………………… (47)

 复习思考题 ……………………………………………………………………………… (48)

3 PRB 数据模型 ………………………………………………………………………… (49)

 3.1 PRB 数据模型概论 ………………………………………………………………… (49)

 3.2 PRB 体系和编码规则 ……………………………………………………………… (51)

 复习思考题 ……………………………………………………………………………… (52)

第 2 篇　数字地质填图数据采集与制图

4　数字地质填图数据采集 …………………………………………………………………… (54)
4.1　准备工作 ……………………………………………………………………………… (54)
4.2　野外路线数据采集 …………………………………………………………………… (55)
4.3　野外数据入库、整理和检查 ………………………………………………………… (59)
4.3.1　野外数据入库 …………………………………………………………………… (59)
4.3.2　野外路线整理 …………………………………………………………………… (59)
4.3.3　属性联动及质量检查 …………………………………………………………… (62)
4.4　数据采集及整理注意事项 …………………………………………………………… (63)
4.4.1　野外数据采集注意事项 ………………………………………………………… (63)
4.4.2　室内数据整理注意事项 ………………………………………………………… (63)
复习思考题 …………………………………………………………………………………… (64)

5　实测剖面图绘制 …………………………………………………………………………… (65)
5.1　实测剖面图 …………………………………………………………………………… (65)
5.1.1　剖面类型 ………………………………………………………………………… (65)
5.1.2　实测剖面表格内容 ……………………………………………………………… (66)
5.1.3　室内数据计算 …………………………………………………………………… (67)
5.2　剖面工程创建 ………………………………………………………………………… (67)
5.3　剖面数据录入 ………………………………………………………………………… (69)
5.4　剖面图绘制 …………………………………………………………………………… (72)
5.5　剖面图修饰 …………………………………………………………………………… (74)
复习思考题 …………………………………………………………………………………… (76)

6　地层柱状图绘制 …………………………………………………………………………… (77)
6.1　地层柱状图的绘制原则 ……………………………………………………………… (77)
6.1.1　基本概念 ………………………………………………………………………… (77)
6.1.2　一般地层柱状图的绘制原则 …………………………………………………… (77)
6.1.3　综合地层柱状图的绘制原则 …………………………………………………… (78)
6.2　地层柱状图的制作 …………………………………………………………………… (78)
6.2.1　剖面数据信息录入 ……………………………………………………………… (79)
6.2.2　剖面分层花纹代码编辑 ………………………………………………………… (80)
6.2.3　剖面编辑与计算 ………………………………………………………………… (82)

  6.2.4 剖面柱状图绘制 …………………………………………………………… (84)

  复习思考题 ………………………………………………………………………… (86)

7 实际材料图绘制 …………………………………………………………………… (87)

7.1 实际材料图概述 ……………………………………………………………… (87)

  7.1.1 基本概念 …………………………………………………………………… (87)

  7.1.2 特点及作用 ………………………………………………………………… (87)

  7.1.3 构成要素 …………………………………………………………………… (87)

7.2 数据导入 ……………………………………………………………………… (88)

7.3 地质界线绘制 ………………………………………………………………… (90)

  复习思考题 ………………………………………………………………………… (94)

8 地质图绘制 ………………………………………………………………………… (95)

8.1 地质图的构成 ………………………………………………………………… (95)

8.2 地质图的绘制 ………………………………………………………………… (97)

  复习思考题 ………………………………………………………………………… (102)

9 人工智能地质图成图技术方法 …………………………………………………… (103)

9.1 基本内容和概念 ……………………………………………………………… (103)

  9.1.1 相关基本概念 ……………………………………………………………… (103)

  9.1.2 人工智能地质图成图技术 ………………………………………………… (103)

  9.1.3 人工智能地质图成图技术方法解决的主要科学问题 …………………… (104)

  9.1.4 人工智能地质图成图技术特点 …………………………………………… (105)

  9.1.5 人工智能地质图技术方法应用流程 ……………………………………… (106)

9.2 人工智能地质图自动生成模型网络结构 …………………………………… (108)

  9.2.1 多模态融合的网络结构 …………………………………………………… (108)

  9.2.2 激活函数 …………………………………………………………………… (111)

  9.2.3 损失函数 …………………………………………………………………… (111)

9.3 人工智能地质图自动生成模型评价指标 …………………………………… (112)

  9.3.1 定量评价指标 ……………………………………………………………… (112)

  9.3.2 定性评价指标 ……………………………………………………………… (113)

9.4 人工智能地质图生成工具应用 ……………………………………………… (114)

  9.4.1 预研究阶段进行粗粒度地质图预测操作流程 …………………………… (114)

  9.4.2 野外调查阶段基于PRB路线生成不同阶段不同精度预测图操作流程 …… (120)

  复习思考题 ………………………………………………………………………… (124)

10 野外地质实习基地智慧服务云平台 ⋯⋯⋯⋯⋯⋯⋯⋯⋯⋯⋯⋯⋯⋯⋯⋯⋯⋯⋯⋯⋯ (125)
10.1 平台架构及功能 ⋯⋯⋯⋯⋯⋯⋯⋯⋯⋯⋯⋯⋯⋯⋯⋯⋯⋯⋯⋯⋯⋯⋯⋯⋯⋯⋯ (125)
10.2 野外实训过程管理 ⋯⋯⋯⋯⋯⋯⋯⋯⋯⋯⋯⋯⋯⋯⋯⋯⋯⋯⋯⋯⋯⋯⋯⋯⋯⋯⋯ (126)
10.3 野外实训安全管理 ⋯⋯⋯⋯⋯⋯⋯⋯⋯⋯⋯⋯⋯⋯⋯⋯⋯⋯⋯⋯⋯⋯⋯⋯⋯⋯⋯ (128)
10.4 车辆调度与信息发布 ⋯⋯⋯⋯⋯⋯⋯⋯⋯⋯⋯⋯⋯⋯⋯⋯⋯⋯⋯⋯⋯⋯⋯⋯⋯⋯ (130)
10.5 基地前台与信息发布 ⋯⋯⋯⋯⋯⋯⋯⋯⋯⋯⋯⋯⋯⋯⋯⋯⋯⋯⋯⋯⋯⋯⋯⋯⋯⋯ (132)
复习思考题 ⋯⋯⋯⋯⋯⋯⋯⋯⋯⋯⋯⋯⋯⋯⋯⋯⋯⋯⋯⋯⋯⋯⋯⋯⋯⋯⋯⋯⋯⋯⋯⋯⋯⋯ (136)

第3篇 实习案例简介

11 周口店数字地质填图实习 ⋯⋯⋯⋯⋯⋯⋯⋯⋯⋯⋯⋯⋯⋯⋯⋯⋯⋯⋯⋯⋯⋯⋯⋯⋯⋯⋯⋯ (138)
11.1 周口店地理概况 ⋯⋯⋯⋯⋯⋯⋯⋯⋯⋯⋯⋯⋯⋯⋯⋯⋯⋯⋯⋯⋯⋯⋯⋯⋯⋯⋯⋯⋯ (138)
11.2 区域地质概况 ⋯⋯⋯⋯⋯⋯⋯⋯⋯⋯⋯⋯⋯⋯⋯⋯⋯⋯⋯⋯⋯⋯⋯⋯⋯⋯⋯⋯⋯⋯ (138)
11.2.1 实习区地层 ⋯⋯⋯⋯⋯⋯⋯⋯⋯⋯⋯⋯⋯⋯⋯⋯⋯⋯⋯⋯⋯⋯⋯⋯⋯⋯⋯⋯ (138)
11.2.2 实习区构造 ⋯⋯⋯⋯⋯⋯⋯⋯⋯⋯⋯⋯⋯⋯⋯⋯⋯⋯⋯⋯⋯⋯⋯⋯⋯⋯⋯⋯ (142)
11.3 实习数据简介 ⋯⋯⋯⋯⋯⋯⋯⋯⋯⋯⋯⋯⋯⋯⋯⋯⋯⋯⋯⋯⋯⋯⋯⋯⋯⋯⋯⋯⋯⋯ (144)
11.3.1 周口店实习基础地图数据 ⋯⋯⋯⋯⋯⋯⋯⋯⋯⋯⋯⋯⋯⋯⋯⋯⋯⋯⋯⋯⋯ (145)
11.3.2 实测剖面数据 ⋯⋯⋯⋯⋯⋯⋯⋯⋯⋯⋯⋯⋯⋯⋯⋯⋯⋯⋯⋯⋯⋯⋯⋯⋯⋯⋯ (145)
11.3.3 野外地质调查路线实例数据 ⋯⋯⋯⋯⋯⋯⋯⋯⋯⋯⋯⋯⋯⋯⋯⋯⋯⋯⋯⋯ (145)
复习思考题 ⋯⋯⋯⋯⋯⋯⋯⋯⋯⋯⋯⋯⋯⋯⋯⋯⋯⋯⋯⋯⋯⋯⋯⋯⋯⋯⋯⋯⋯⋯⋯⋯⋯⋯ (145)

12 秭归雾河数字地质填图实习 ⋯⋯⋯⋯⋯⋯⋯⋯⋯⋯⋯⋯⋯⋯⋯⋯⋯⋯⋯⋯⋯⋯⋯⋯⋯⋯⋯ (146)
12.1 自然地理概况 ⋯⋯⋯⋯⋯⋯⋯⋯⋯⋯⋯⋯⋯⋯⋯⋯⋯⋯⋯⋯⋯⋯⋯⋯⋯⋯⋯⋯⋯⋯ (146)
12.2 地质背景 ⋯⋯⋯⋯⋯⋯⋯⋯⋯⋯⋯⋯⋯⋯⋯⋯⋯⋯⋯⋯⋯⋯⋯⋯⋯⋯⋯⋯⋯⋯⋯⋯ (148)
12.2.1 地层 ⋯⋯⋯⋯⋯⋯⋯⋯⋯⋯⋯⋯⋯⋯⋯⋯⋯⋯⋯⋯⋯⋯⋯⋯⋯⋯⋯⋯⋯⋯⋯⋯ (148)
12.2.2 实习区岩体 ⋯⋯⋯⋯⋯⋯⋯⋯⋯⋯⋯⋯⋯⋯⋯⋯⋯⋯⋯⋯⋯⋯⋯⋯⋯⋯⋯⋯ (150)
12.2.3 实习区构造 ⋯⋯⋯⋯⋯⋯⋯⋯⋯⋯⋯⋯⋯⋯⋯⋯⋯⋯⋯⋯⋯⋯⋯⋯⋯⋯⋯⋯ (150)
12.2.4 实习区矿产 ⋯⋯⋯⋯⋯⋯⋯⋯⋯⋯⋯⋯⋯⋯⋯⋯⋯⋯⋯⋯⋯⋯⋯⋯⋯⋯⋯⋯ (151)
12.3 填图内容 ⋯⋯⋯⋯⋯⋯⋯⋯⋯⋯⋯⋯⋯⋯⋯⋯⋯⋯⋯⋯⋯⋯⋯⋯⋯⋯⋯⋯⋯⋯⋯⋯ (151)
12.4 实习数据简介 ⋯⋯⋯⋯⋯⋯⋯⋯⋯⋯⋯⋯⋯⋯⋯⋯⋯⋯⋯⋯⋯⋯⋯⋯⋯⋯⋯⋯⋯⋯ (151)
12.4.1 基础地图数据 ⋯⋯⋯⋯⋯⋯⋯⋯⋯⋯⋯⋯⋯⋯⋯⋯⋯⋯⋯⋯⋯⋯⋯⋯⋯⋯⋯ (152)
12.4.2 实测剖面数据 ⋯⋯⋯⋯⋯⋯⋯⋯⋯⋯⋯⋯⋯⋯⋯⋯⋯⋯⋯⋯⋯⋯⋯⋯⋯⋯⋯ (152)
12.4.3 路线调查示例数据 ⋯⋯⋯⋯⋯⋯⋯⋯⋯⋯⋯⋯⋯⋯⋯⋯⋯⋯⋯⋯⋯⋯⋯⋯⋯ (152)
复习思考题 ⋯⋯⋯⋯⋯⋯⋯⋯⋯⋯⋯⋯⋯⋯⋯⋯⋯⋯⋯⋯⋯⋯⋯⋯⋯⋯⋯⋯⋯⋯⋯⋯⋯⋯ (152)

13　武汉喻家山数字地质填图实习 ………………………………………………………………（153）
　　13.1　自然地理概况 ……………………………………………………………………（153）
　　13.2　地质背景 …………………………………………………………………………（154）
　　　　13.2.1　实习区地层 …………………………………………………………………（154）
　　　　13.2.2　实习区构造 …………………………………………………………………（154）
　　　　13.2.3　实习区地质演化简史 ………………………………………………………（155）
　　13.3　实习数据简介 ……………………………………………………………………（156）
　　　　13.3.1　基础地图数据 ………………………………………………………………（156）
　　　　13.3.2　实测剖面数据 ………………………………………………………………（156）
　　　　13.3.3　路线调查示例数据 …………………………………………………………（156）

参考文献 …………………………………………………………………………………（157）

0 绪 论

0.1 地质图的由来

前国际地质科学联合会主席 R. 杜伦佩曾说:"我们不应忘记地质科学的发展要立足于地面工作,立足于耐心勤奋地收集扎实的资料,地质填图工作在这种地面工作中占有重要的位置。如果忽视了地质填图工作,那么对地质科学来说,将是一个可悲的信号。"

地质图是一种反映某一地区地壳表层的地质构造特征的图件,内容包括各种地质体(地层、岩体、矿床)和地质现象(断层、褶皱等)的分布及其相互关系。这些内容按一定的比例尺,以图例的形式垂直投影到同一水平面就构成了某一地区的地质图。

一般认为,第一幅具有现代意义的地质图(威廉·史密斯地质图)是 1815 年英国的地质学家威廉·史密斯(William Smith)利用地层中不同的化石组合来区分地层绘制的《英格兰、威尔士和部分苏格兰地质图》(图 0-1)。他在该地质图中开创性地利用地质剖面来反映地层之间的产状和新老关系,利用色彩和阴影来表达地层分布与出现顺序。迄今为止,威廉·史密斯地质图中的一些地层名仍然被地质界沿用,它奠定了现代地质图填制的基础。

地质图在初始阶段并非由地质人员研制,而是由一批画家、雕塑家、探险家、矿业主和地理学家等在其各自的活动中逐步创造出来的。威廉·史密斯在绘制威廉·史密斯地质图之前担任过土地测量者的助手和土地测量员,因多年的运河测量工作,他对运河流经的地层甚为了解。从第三系泥岩到侏罗系里阿斯统鲕状灰岩,他都了如指掌。同时他搜集了丰富的古生物化石标本,确定了英国从石炭纪到白垩纪地层的详细层序并选定了各层的标准化石。他的另一贡献是地质填图。他正确认识到地质图是能够完全反映地层情况的媒介,要首先在地质图上用块段表示地层出露,并且设计出填图使用的主要花纹。因编制威廉·史密斯地图,1931 年威廉·史密斯被授予沃拉斯顿奖章。

在此之前,众多的先驱人物进行了地质填图方面的探索,如意大利人留吉·费尔兰多·马吉西里(1658—1730)。他在匈牙利生活工作了 20 多年,并于 1726 年撰写了他的主要著作《多瑙河-潘诺里柯-密西喀斯》,绘制了包含地质标记的地形图、矿区矿相图、盐矿详细平面图和剖面图。英国旅行家和科学家罗伯特·汤逊(1762—1827)将徒步旅行过程中认知的 13 种岩石类型用彩色标识标记在地图上。英国人约翰·克拉克(1782—1872)在参与地质探险和旅游活动中,用一种现代的明暗法统一的自然风格来描绘岩石,特别是地层的微细构造和整个构造剖面,并试图借助三维空间的关系来描绘花岗岩侵入体与地形学方面的关系。1807 年麦克卢尔(William Maclure)承担了对当时的美国东部进行地质调查的任务,于 1809 年绘制了美国东部 5 类岩石分布图,即 *Maclure's Geological Map of United States*。中国

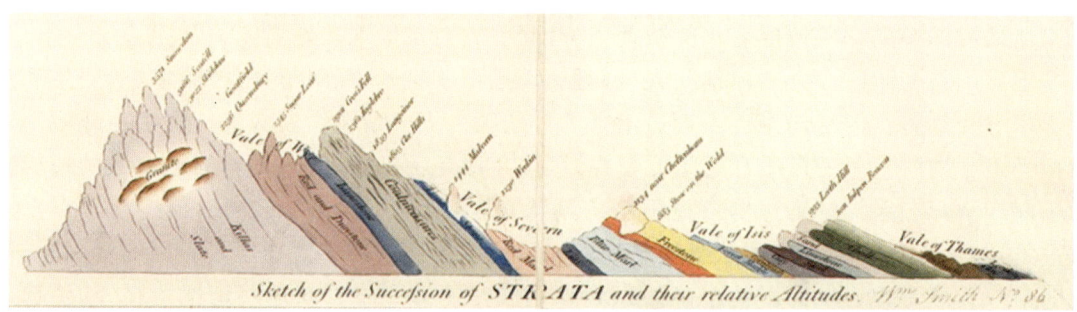

图 0-1 威廉·史密斯地质图及剖面图

的第一幅自编地质图是第一批中国留美幼童之一、我国著名矿冶工程师邝荣光于1910年发表的《直隶地质图》(图 0-2)。

0.2 地质数据的采集方式及变革历史

地质数据采集又称区域地质调查,是地质工作中具有战略意义的综合性基础地质工作,是一切地质工作的先行步骤,同时又是一项由国家有计划部署和实施的面向全社会、服务于国民经济建设各个领域的基础性、公益性地质工作。区域地质调查运用地质科学理论技术,对一定区域内的地层、岩石、岩体、构造、矿化等各种地质体和地质现象进行比较系统的观察

图 0-2 直隶地质图

研究,阐明区域内各地质体的基本特征及其相互关系和地质发展史,按照比例尺可以分为 1∶100万、1∶50万、1∶25万和1∶5万区域地质图。

在传统的地图制作中,地质人员主要借助铅笔、地质罗盘、锤子、放大镜、野簿和地质手图等工具,在野外进行地质数据的收集工作,包括产状测量、地质描述、定点、采样和素描等。然而,传统的地质数据采集不仅要求地质人员熟练掌握复杂工具的使用技巧,还面临采集程序烦琐、效率低下的问题。此外,后期数据的电子化处理和制图同样需要耗费大量人力和物力,难以实现野外数据的快速产品化,从而无法及时满足国民经济的快速发展需求。

计算机和信息技术的快速发展,尤其是GPS、GIS、RS技术(统称3S技术)的发展,为实现地质数据数字化采集、制图提供了坚实的技术基础。数字化填图技术的本质是利用计算机技术和3S技术对传统的数据采集方式进行重构。在野外地质场景中,野外地质数据采集工作比较灵活、简洁。数字地质填图技术主要采用信息技术,以IT技术代替传统的手工工具,可以有效减少工作的烦琐性,同时能够有效保证工作的准确性和真实性,将地理空间和地质矿产相关的属性信息进行快速采集与入库。数字填图技术还可以实现文字、语音、图形以及影像等各种形式数据的收集和存储(图0-3)。

图 0-3 2010 年得克萨斯大学埃尔帕索分校进行数字地质调查时使用的电子设备
(据 Pavlis et al.,2010 修改)

数字填图技术的研究与应用大致可分为两个阶段,20 世纪 80 年代至 1998 年为数字填图技术研究的前期阶段,1999 年(或 2000 年)至今为数字填图技术的发展与应用阶段。后一阶段划分的依据是:随着 WINDOWS CE(1998)和 ARCPAD(2000)的发布与应用以及运行 WINDOWS CE 系统的 PAD(1998)等产品的面世,硬件性能和软件功能使数字填图技术的真正应用成为可能。下面分述两个阶段的特点。

0.2.1 数字填图技术研究的前期阶段

自 20 世纪 80 年代初至今,发达国家一直在开展采集技术的研究。20 世纪 80 年代,随着计算机性能的快速发展,为了标准化野外数据采集信息并制作标准的地质图件,Oriel 等学者设计了 Geological Code 和 Principles(Oriel et al.,1983;Wright and Stewart,1990)。在数字填图技术研究的前期阶段,地质调查路线的野外数据采集通常采用一种模式,即基于不同岩类和方法的结构化表格描述。一种是通过电子表格直接在野外输入数据;另一种是先在纸质表格上填写数据,回到室内后再录入计算机。这种模式通常可以结合 GPS 定位技术,部分系统还支持在野外绘制素描图。典型的代表有加拿大地质调查局(Geological Survey of Canada,GSC)开发的 Fieldlog、美国地质调查局(United States Geological Survey,USGS)开发的 GSMCAD、澳大利亚地质调查局(Australian Geological Survey Organisation,AGSO)和资源工业协会联合开发的 AGSO FieldPad。

Fieldlog 是加拿大地质调查局开发的软件工具,其用途是辅助地质工作者进行野外地质数据的数字化管理。它提供了对野外观察结果进行数字化记录、处理、演示和分析的手段,同时也是对制图准备和地质解译的补充。结果数据以一种专门的文本文件格式传输到 Fieldlog 中,并被转入项目数据库。

得益于个人数字助理设备(PDA)的发展,美国地质调查局 1998 年开展了 GPS 接收机和个人数字助理设备(PDA)在地质填图和地质构造数据采集方面的应用研究。GSMCAD 是美国地质调查局开发的供内部使用的一种专门为野外地质填图及室内编图设计的微软视窗程序。该软件可在两种模式下使用,配合 GPS 接收器进行野外数据采集。第一种模式,观察结果可以与相应的说明文本相连或者与一些数字照片相连;第二种模式,观察结果仍记录在传统的野外笔记本上,观察点的位置以路线点的形式存储在 GPS 接收器中。

澳大利亚地质调查局和资源工业协会联合开发了一套在 Newton PDA 上运行的 AGSO FieldPad。它能将野外描述和素描数字化并与 GPS 相连,利用实时的 GPS 定位显示地理参考矢量图。

荷兰特文特大学(University of Twente)将数字填图技术的研究称为数字解释。数字填图由野外观察、野外手图(field station map)、地质图和地理信息系统组成。而数字化数据基础的构建要素包括野外观察、地理信息系统、野外手图和地质图,再通过电脑(PC)的数据库管理系统进行综合和空间查询。对点的数据采集内容有岩石学、结构、地球物理、地形、土地利用、土壤描述、地球化学土壤、河床、野外说明、素描;在 PC GIS 上进行线数据采集,通过空间查询实现地图编辑和建模,最终形成地图产品。荷兰特文特大学经过几年的教学和科研应用,认识到采用数字填图的优势为:①野外数据可以快速图示,没有人为的数据转换错误;②具有术语、数据一致性检查,可进行有效原始数据研究;③可重复使用和分发数据,数据可互操作等。

这一阶段野外数据采集设备的特点表现为:1985—1995 年,加拿大实行了加拿大数字战略,使用数字化仪、笔记本电脑等设备在野外实验。1993 年的硬件配置是笔记本电脑+野外记录本;1995 年,荷兰特文特大学首次进行了结构化的地质野外实习,实习人员在野外观测,回到驻地后再进行野外数据输入;1997 年,可以直接在野外露头上用 PLAM PC(掌上电脑)进行数据采集;到 1998 年,各种各样的掌上电脑和 PDA 在市场上出现,也出现了 GPS 导航系统;2003 年,采用小博士 GPS 与 IPACK 连接的方式进行导航与定位、属性与空间数据的输入、GIS 功能(ArcPad)和信息的分发(地质图、野外素描、剖面、照片)。数据采集方式为在 PDA 的关系数据库上进行点数据收集,PDA 的关系数据库是通过 PC 上的设计表传到 PDA 上的。

0.2.2 数字填图技术的发展与应用阶段

野外数据采集设备技术的革命正在推动地学及其相关领域野外数据采集方式的革命。各国地质调查局及相关的公司纷纷开展数字填图技术或野外数据采集系统的研究与开发。与数字填图技术研究前期阶段相比,本阶段主要有两个特点。

特点一:各大国计算机公司和知名软件商纷纷投入力量开发野外数据采集系统。这些系统属于计算机技术在地质调查野外数据采集中的松耦合式应用,尚未实现整个地质调查过程的全面数字化。目前,这类软件数量较多、针对性强,但适应能力有限。代表性软件包括以下两种。

(1)Encom Discover Mobile 2.1:澳大利亚 Encom 公司基于 MAPINFO 专业版平台开发的 GIS 系统支持野外数据采集、实时 GPS 跟踪和桌面集成。该系统利用 AGSO、USGS、GSC 等的符号集,记录和显示结构化数据,并通过 GPS 定位或自由绘图工具实现地质界线、断层和露头位置的数字化。数据可在 Encom Discover PDA 与运行 MAPINFO 的笔记本或 PC 之间便捷传输与集成。

(2)Field Data Recorder:美国 ROCHWRE 公司为环境专家、地质学家和工程师开发的野外数据采集系统,支持通过数据库格式记录科学数据和观测数据。该系统数据类型涵盖表面水文、地下水、钻孔、地质、用户自定义、动态 GPS、图像及钻孔柱状图等。Field Data Recorder 3.0 支持笔记本电脑和 PDA 两种发布方式,但数据采集项较为有限。

特点二:分析了野外数据采集近 20 多年研究与应用中存在的问题,把野外数据采集与整个地质调查的数字化过程联系起来,在数字地质调查的理论体系框架下,将数字填图技术逐步发展成为数字地质调查的边缘学科。英国地质调查局在其权威刊物上发表文章,把数字野外调查技术作为英国地质调查或填图的未来。该文章比较系统地提出了数字地质调查理论体系框架的关键问题:①符合野外数据采集的设备及其软件系统的指标;②数字填图是"数据库群"而不是填图产品,产品是"数据库群"经附加值后的演变物;③野外数据可以划分为解释数据和绝对数据两种类型,前者包括最终的"地质图"和经反复概括、重新提取形成的三维地质模型,而后者是在整个填图过程中收集保持不变的数据;④半结构化(而不是完全限定)方法是采集数据最有效的方法;⑤数据采集过程完全一致并遵循一个基本的标准是确保最终成果一致性的基础;⑥野外数据采集由共同的数据模型指导而不是指令性的,被广泛采用的数字系统应该满足各种不同的需要。

英国地质调查局在 2005 年 6 月发布了新战略计划——《英国地质调查局战略科学计划(2005—2010 年)》。新战略计划包括 8 个科学主题和 5 个"交叉问题",涉及"为从野外数据采集到最后结果输出设计了最好的数字工作流程"的内容,所研究的内容和拟解决的问题也反映了当前国际地学研究中的难点、热点问题。

近年来,Petroleum Experts 公司开发的 FeildMove 系列软件被不断应用到欧美国家野外地质教学过程中。FeildMove 的功能包括线条的交互式编辑、照片上素描、数字罗盘测斜仪,具有基于地图的直观界面、底图管理、在线地图、自动数据采集或手动输入、用户定义的岩石单元或地层列表、数字笔记本和相机、GPS 自动定位、地质数据的立体网显示、底图上绘制相关界面(接触面、断层和露头面)、虚拟鼠标进行精确绘制、数据导入导出等(图 0-4)。

1995 年,地质矿产部启动数字填图系统的预研究项目;1996—1997 年,河北省地质矿产勘查开发局与南澳大利亚州能源和矿业部合作利用 MapInfo 来建立 1∶5 万地质图数据库;1996 年,中国地质大学在地质矿产部的资助下开发了 GeoSurvey(刘刚等,2001;刘刚等,2003)。2000—2004 年,GeoSurvey 用于周口店野外地质教学实习(2005 年开始);1999 年,

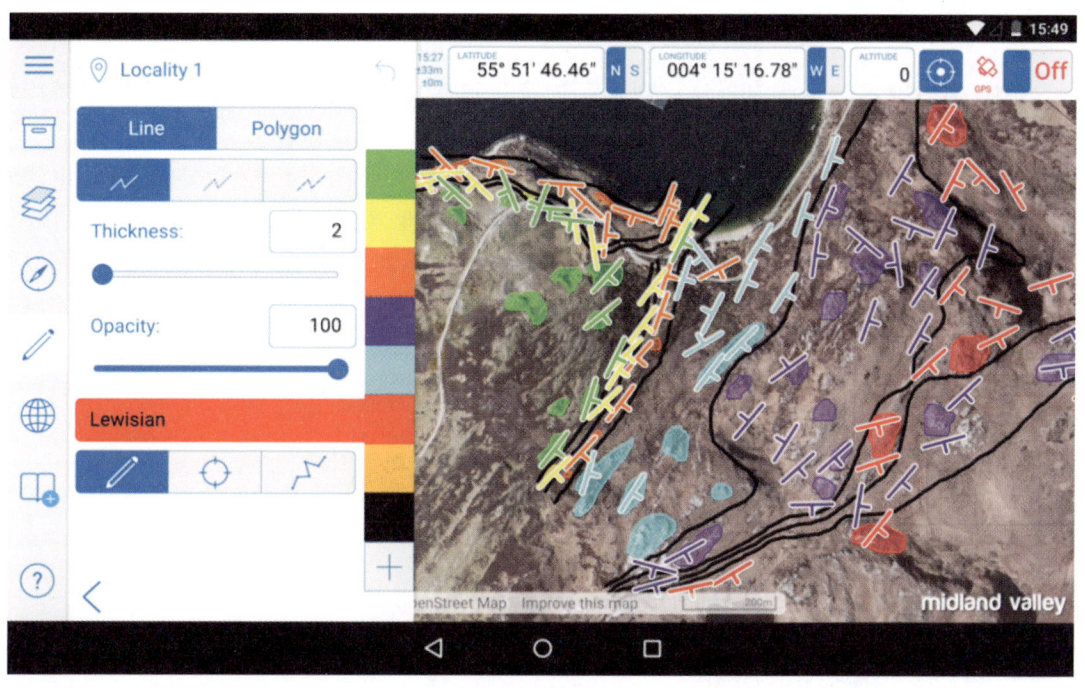

图 0-4　FieldMove 数据采集软件界面

中国地质调查启动了新一轮国土资源大调查专项(1999—2010),为满足地质调查的需求,中国地质调查局发展研究中心牵头开发了数字地质调查系统(DGSS),起初基于 MapGIS 二次开发,于 2010 年与 2014 年进行了两个大版本的更新,从而走向完全独立的发展之路。2004 年,应用数字填图技术在全国区调工作中得到全面推广。2008 年开始,从数字填图系统全面升级与扩展到数字地质调查系统,形成了完善的软件平台。从 2013 年开始,数字地质调查技术逐渐从数字化向智能化方向发展。

0.3　数字填图技术发展趋势

地质调查过程本身就是科学探索研究的过程,即采集、加工、处理、综合研究集成各类地质信息的过程,是科学发现和研究中数据采集与实验、模型推演、仿真模拟及数据密集型计算 4 个范式的具体体现,完全可以与人工智能(AI)技术融合。

传统数字地质调查侧重于传统业务流程的信息化,随着大数据、云计算、人工智能技术的发展,地质调查过程开始以地质知识的流程化和智能化建设应用为核心,通过构建地质调查行业的"大数据+大计算"技术框架、生态环境以及深度应用人工智能技术,来推动未来地质调查工作模式的变革。随着信息技术的发展,数字地质调查主要向平台一体化和智能化方向发展。

0.3.1 数字地质调查的平台一体化

北斗、GPS技术的发展为野外数据采集的定位提供了良好的基础支撑,5G等网络传输技术为野外一线数据采集后的传输和知识推送提供了高效的链接路径,大数据存储和云平台技术为野外一线与数据中心的互联和交互提供了数据存储与平台技术支撑,最终构建基于"人工智能＋大数据＋云计算"的集数据管理、数据处理、数据服务于一体的工作环境,即数字地质调查一体化平台(图0-5)。在业务应用场景上,野外地质人员采集的数据可以快速地汇集到数据平台;数据平台可以将研究区相关的区域地质资料、图件和相关的地质调查知识快速地推送给野外地质人员,辅助野外地质调查工作;数据平台可以对野外地质人员的轨迹和行为进行监控,保障野外地质人员的生命安全。

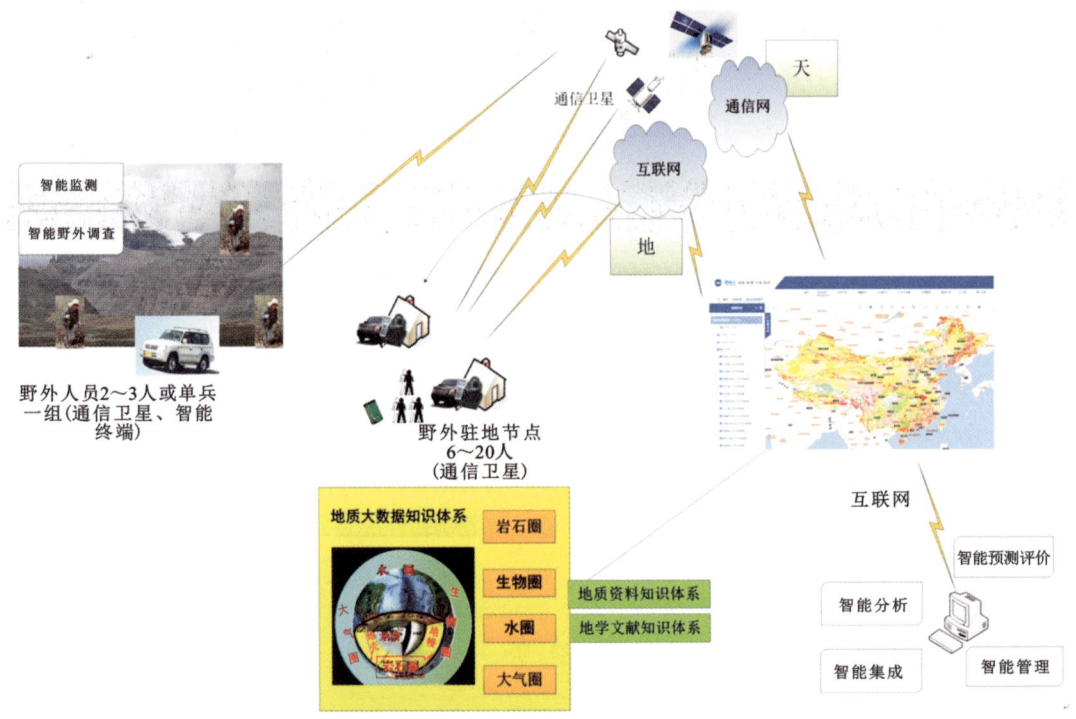

图0-5 数字地质调查一体化平台

0.3.2 数字地质调查的智能化发展

数字地质填图从功能化向智能化转变是从解决过程的效率问题向解决感知和协同智慧问题转变。人工智能技术能够变革数据采集方式,降低人力工作强度,发展新质生产力。根据数字地质调查的应用场景,智能化的发展主要体现在以下两方面。

1. 野外场景的智能感知和数据智能获取

在野外数据地质调查过程中,野外数据的采集主要包括野外观测点位的获取、岩石地层的认知和识别、野外地质产状的测量、地质现象的识别描述、素描图的绘制等内容。当前利用电子罗盘技术能够实现地层等面理产状的快速测量;地形位置等可以依托 GPS 和北斗定位技术获得;利用语音和自然语言处理技术可以实现描述信息的语音录入记录。目前如何利用人工智能技术进行野外岩矿石的识别是大家关注的问题,很多学者利用深度学习算法进行了岩石类别实验尝试,但在岩石矿物样品的代表性、模型的泛化和识别精度方面仍需要进一步研究;野外岩石中往往发育大量的线理,如何利用人工智能,基于电子罗盘和收集摄影技术实现大规模线理识别及产状快速测定也是野外地质人员关注的问题。

2. 野外场景的知识-数据智能推送和问答服务

由于野外地质调查的复杂性和野外地质调查人员知识的局限性,在野外地质调查过程中需要相关知识和技能的支持。地质调查数据平台中往往存储着相关的地质文件、地质调查报告等蕴含着地质知识的数据载体,如何从地质大数据平台中快速获得精准对应的数据和知识以服务野外地质工作是目前急需解决的问题。应着力从以下方面进行破局:①加强对以往历史扫描图件的智能识别,将扫描信息转换为结构化的地图拓扑信息,实现知识的获取和推送;②加强对历史地质文本报告等历史资料的挖掘和利用程度,从非结构的地质信息中挖掘蕴含的地质知识;③结合知识图谱和大语言模型的优势,构建知识图谱嵌入的地质矿产垂直领域的大语言模型,实现野外地质知识的自动智能提取和推荐;④基于遥感等多源数据的地质填图单元的智能识别技术和已有空天数据的智能识别,实现地质单元的自动解译,指导野外地质调查工作,以提高野外地质调查工作的效率。

复习思考题

(1)数字地质调查的发展历史对我们有什么启示?

(2)大数据和人工智能时代数字地质调查应如何发展?

第1篇 数字地质填图基本原理与技术

本篇全面介绍与数字地质填图工作相关的关键地理信息技术、区域地质调查基本原理，以及PRB（Point-Route-Boundary）数据采集模型，为各类地质调查业务提供技术框架和方法论。

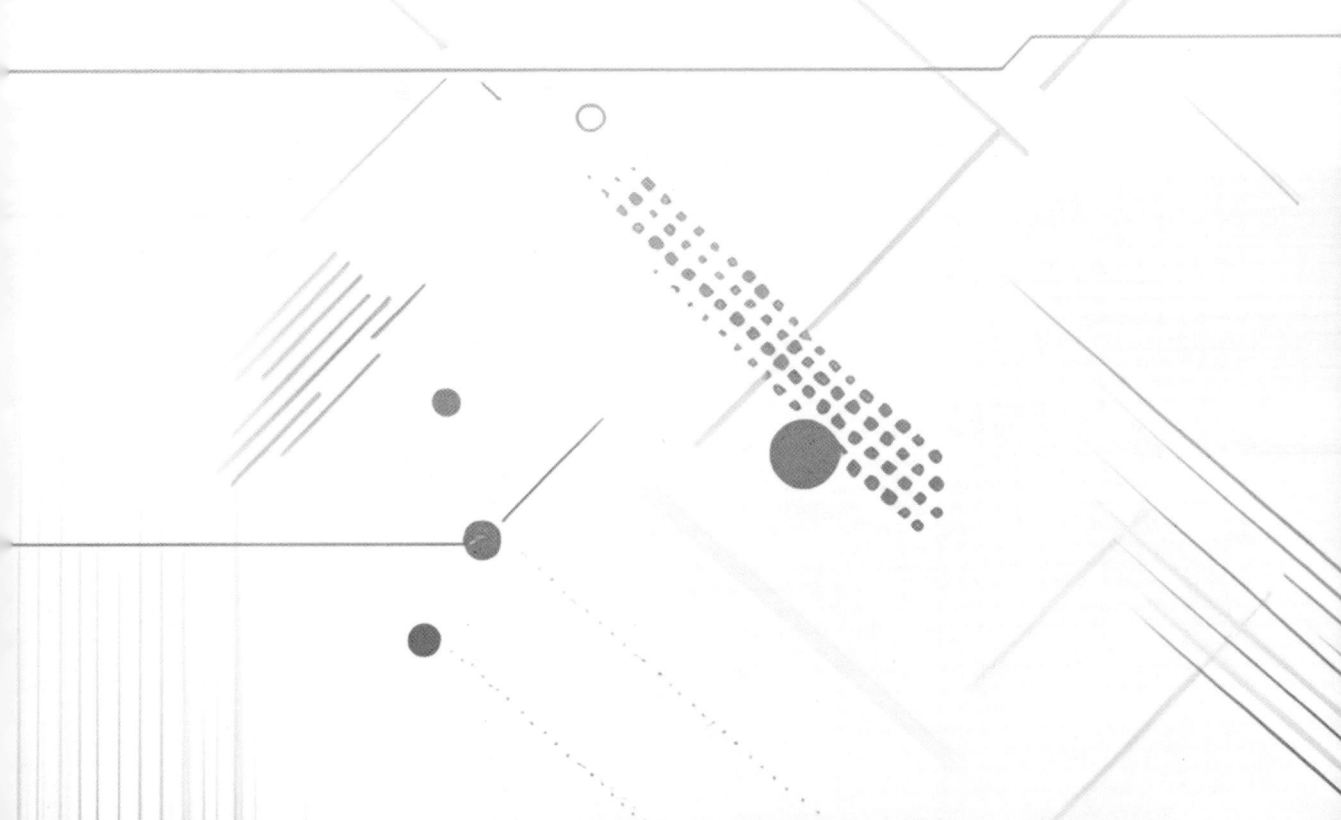

1 与数字地质填图相关的信息技术

1.1 基本概念

1.1.1 地质信息科学与地理信息系统

地质信息科学是一门关于地质信息本质特征及其运动规律和应用方法的综合性学科，主要探讨如何利用计算机和通信网络技术对地质信息进行获取、加工、集成、存储、管理、提取、分析、处理、模拟、显示、传播，并解决其中涉及的理论、方法和技术问题。它既是地球信息科学的重要组成部分，也是地球信息科学与地质科学的交叉性学科。

地质信息是地质对象的存在方式和运动状态的表征，是地质体和地质过程中各种特征、状态的客观显示。地质信息具有多来源、多类别、多维度、多数量、多尺度、多时态数和多主题的特征。在来源上，地质信息过去主要来自大地测量、地质填图、航空摄影和多学科综合考察，现在则主要来自卫星群、航空遥感、地面遥感平台，以及多光谱、高光谱、微波以及激光扫描系统、数字成像成图系统等共同组成的立体观测系统。在类别上，地质信息可分为矢量数据与栅格数据、结构性数据与非结构性数据、空间数据与非空间数据等。

地理信息系统（Geographic Information System，GIS）是以空间数据库为基础，在计算机软件、硬件的支持下，对空间相关数据进行采集、管理、操作、分析、模拟和显示，并采用空间模型分析方法适时提供多种空间和动态的地理信息，为相关研究和空间决策服务的计算机技术系统。它可以将地质信息的获取、存储、检索、分析加工、输出表达的各个过程整合在一起，方便对地质信息进行进一步探究。

1.1.2 地理信息系统组成

地理信息系统主要由4个部分组成，即计算机硬件系统、计算机软件系统、地理空间数据系统、管理与使用人员。下面简要介绍计算机软件系统与地理空间数据系统。

1.1.2.1 计算机软件系统

计算机软件系统是指地理信息系统运行所必需的各种程序及有关资料，主要包括计算机系统软件、地理信息系统软件和应用分析软件3个部分。

1. 计算机系统软件

计算机系统软件是一个方便用户开发和使用计算机资源的系统程序，通常包括操作系统、汇编、编译程序、库函数、数据库管理系统等。

2. 地理信息系统软件

从数据处理的角度出发,地理信息系统软件包括4个基本模块(图1-1),即数据输入子系统、数据存储与检索子系统、数据分析与处理子系统、数据输出子系统。

(1)数据输入子系统:利用键盘与显示器、数字化仪、扫描仪及磁盘等装置将地图数据、遥感数据、统计数据和文字报告转换成计算机可识别、计算和处理的数字形式。数据校验是指通过观测、统计分析和逻辑分析检查数据中存在的错误,并通过适当的编辑来纠正。

(2)数据存储与检索子系统:数据存储和数据库管理是结构化的存储和组织地理要素(表示地表物体的点、线、面)的位置、连接关系及属性数据,以便于计算机和用户理解。用于组织和管理地理数据库的计算机程序称为空间数据库管理系统(Spatial Database Management System,SDBMS)。地理数据库包括地理数据格式的选择和转换,数据的查询、更新、提取等。

(3)数据分析与处理子系统:包括两类操作,一类是消除数据中的错误,更新数据与其他数据库匹配等;另一类是为解决某个问题而进行数据分析,如比例尺变换、投影变换、数据的逻辑检索、

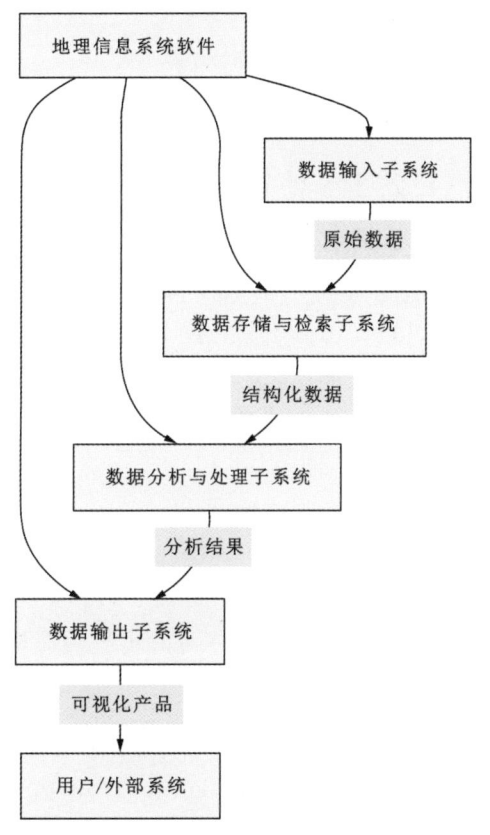

图1-1 地理信息系统软件的主要组成部分

面积和边长计算等GIS的一般变换,以及数据插值、剖面计算等地质填图需要的数据变换。

(4)数据输出子系统:指将原始数据或分析、处理后的结果数据以地图、表格、图像等多种形式向用户显示和输出。

3. 应用分析软件

应用分析软件是指系统开发人员或用户根据地理专题或区域分析的模型编制的用于某种特定任务的程序,是系统功能的扩充和延伸。应用程序作用于地理数据或区域数据,构成GIS的具体内容,是用户最关心的地理分析部分,也是从空间数据中提取地理信息的关键。系统开发的主要工作是开发应用程序,而应用程序的水平在很大程度上决定了系统的实用性、优缺点。

1.1.2.2 地理空间数据

在计算机环境中,数据是描述地理对象的核心载体,是计算机可直接识别、处理、储存和提供使用的数字化信息,是地理对象在计算机中的表达形式。地理空间数据是GIS的操作对象,是GIS所表达的现实世界经过模型抽象的实质性内容。地理空间数据实质上就是指

以地球表面空间位置为参照,描述自然、社会和人文经济景观的数据,后文所述的空间特性、空间数据结构、空间数据分析都是地理空间数据分析处理的基础。

1.2 空间特性

1.2.1 地球模型

地球表面凹凸不平,内部质量和重力分布也不均匀,是一个不能用数学公式表达的表面,不能成为地图和测量的标准。为了达到用数学公式表达的目的,必须建立接近实际地球特征的模型,因此引入地球形体三级逼近的概念。

(1)地球形体的一级逼近:大地水准面是对地球自然表面的逼近,其包围的球体称为大地体,由于地球内部质量分布不均匀,各处重力不均等,所以大地水准面只是近似于椭球面。

(2)地球形体的二级逼近:用旋转椭球面来代替大地水准面,旋转椭球面包围的球体称为地球椭球体,简称椭球体。它是一个规则的数学表面,可视为地球体的数学表面,用于测量计算。

(3)地球形体的三级逼近:对地球形状进行测定后,还必须确定大地水准面与旋转椭球面的相对关系,即各国可确定的与局部地区大地水准面最符合的一个地球椭球体——参考椭球体。

1. 大地水准面

地球的自然表面是不规则的,最高处为喜马拉雅山脉的珠穆朗玛峰,高出海平面8 848.86m(2020年测量);最深处为马里亚纳海沟,其深度为11 022m,二者的相对高差接近20km。然而,与地球半径6371km相比,上述二者的相对高差可以忽略不计,而且整个地球表面约有71%的面积被海水面包裹,因此可以将海水面作为测量的基准面。在测量学中,自由静止的水面称为水准面。但由于受潮汐风浪的影响,且地球各处的引力存在差异,海水面的位置始终处于变化中,因此理论上水准面有无穷个。通常将平均静止的海水面向大陆、岛屿延伸而形成的闭合曲面定义为大地水准面,大地水准面处处与重力方向正交。大地水准面包裹的地球形体称为大地体,大地体与地球的总形体拟合度最佳。

2. 地球椭球面与参考椭球面

尽管大地水准面的形状和大小与地球总形体最相似,但由于地球内部质量分布不均匀,重力方向产生不规则变化,处处与重力方向正交的大地水准面也因此变得不规则,其表面也有微小的高低起伏。这使得在该水准面上无法进行测量数据的精确计算。为此,还必须另选一个与大地水准面非常接近且能用数学模型表达的规则曲面作为计算工作的基准面(图1-2)。将一个椭圆绕其短轴旋转而成的椭球面称为旋转椭球面,能够拟合地球总形体的旋转椭球面称为地球椭球面,各国选择的只能拟合某一个区域的旋转椭球面称为参考椭球面(图1-3)。这样就可以用椭球的长半轴 a 和扁率 $\alpha=(a-b)/a$(式中 b 为椭球短半轴)来描述椭球面的形状与大小。

1 与数字地质填图相关的信息技术

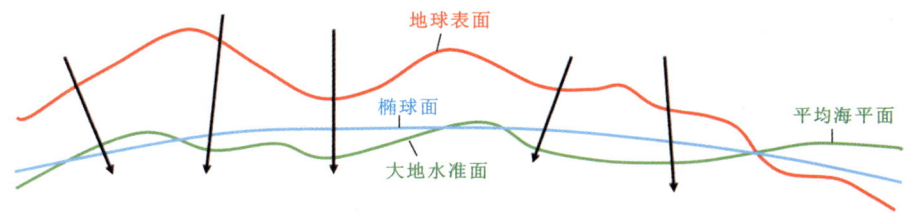

图 1-2 大地水准面与椭球面的关系

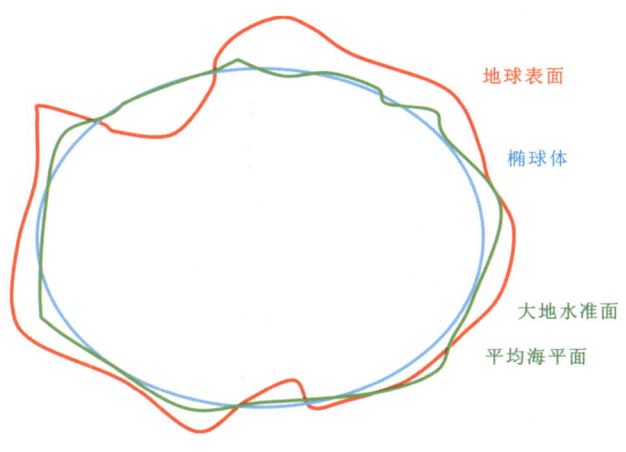

图 1-3 旋转椭球面

1.2.2 坐标系统

为了便于测量、计算和使用,通常采用大地坐标系来描述点位。大地坐标系是用高程(点至基准面的垂直距离)和地理坐标(经纬度)或平面直角坐标(球面坐标通过投影转换而得)来表示点的位置。下面分别介绍高程系统、地理坐标系统、平面直角坐标系统。

1.2.2.1 高程系统

1. 正高

地面点到高程基准面的垂直距离称为高程。最常用的高程系统是以大地水准面为高程基准面。地面点到大地水准面的铅垂距离,称为该点的绝对高程或海拔,或称为该点的正高($O'A$),用 H 表示(图 1-4)。

2. 正常高

严格地讲,大地水准面是一个重力等位面,正高值是铅垂线上与重力加速度的平均值有关的一个积分值,而铅垂线上重力加速度的平均值难以精确求得,因此只能改用正常重力值代替(不考虑地球内部质量、密度分布的不规则,而仅与该点的纬度有关,可以精确求得)。由此所得到的铅垂距离称为该点的正常高 OA(图 1-4),由正常高确定的基准面称为似大地水准面(与大地水准面在山区相差最多 2m,在平原相差几厘米,在海洋重合)。因此,我国的高程系统实际上采用的是正常高系统,其起算面为似大地水准面(熊春宝,2020)。

目前,我国采用1985年国家高程基准,它是根据设在青岛海边的验潮站1952—1979年水位的观测资料确定的黄海平均海水面(其高程为零)作为起算面的高程系统。同时青岛观象山建立了水准原点,用来标示该高程系统。水准原点的高程为72.260m,全国各地的高程都以它为基准进行连测推算。

3. 大地高

地面点沿参考椭球面法线至地球椭球面(或参考椭球面)的距离,称为该点的大地高($O'A$)(图1-4)。采用GPS所测得的地面点的高程,即为该点的大地高。

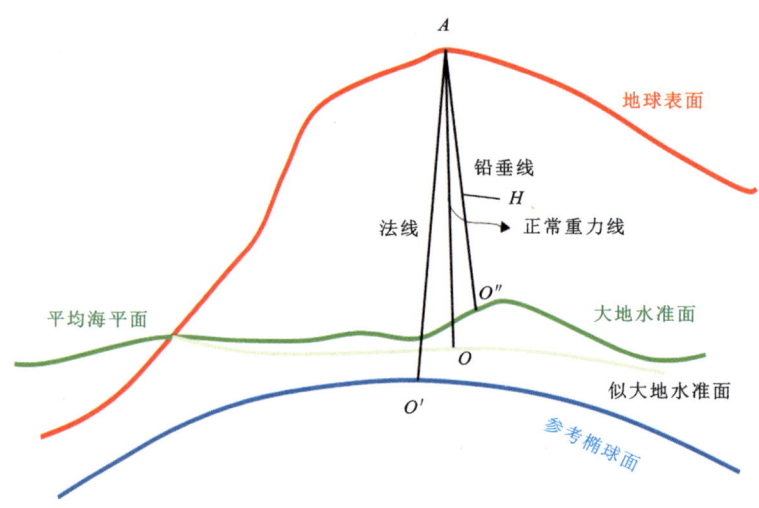

图1-4 高程系统

1.2.2.2 地理坐标系统

地理坐标是地面点在地理坐标系统中的坐标值,通常用经度和纬度表示,如图1-5所示。

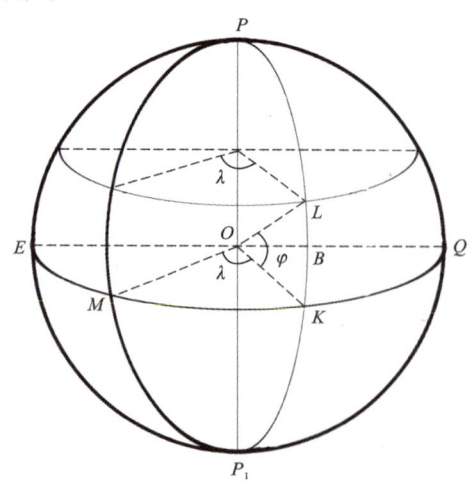

图1-5 地理坐标系

过地面点和地球南、北极的平面称为过该点的子午面,子午面与地球表面的交线称为子午线;过地心O且垂直于地球自转轴的平面称为赤道面,赤道面与地球表面的交线称为赤道。过地球表面某点L的子午面$PLKP_1$,与首子午面PMP_1形成的二面角λ,称为该点的经度。从首子午面起算,分别向东西两个方向度量,向东称为东经,向西称为西经,各度量范围为$0°\sim180°$。过地球表面某点L的法线或铅垂线OL与赤道面$EMKQ$的夹角φ,称为该点的纬度。从赤道起算,分别向南、北两个方向度量,向北称为北纬,向南称为南纬,各度量范围为$0°\sim90°$。

地球形状不规则,密度不均匀,其质心并不与几何中心重合,但地球有唯一的质心是客观存在的,只是测量精度的问题导致有不同的质心位置。以地球质心为原点,以地球椭球面为基准面而建立的坐标系称为地心坐标系。表1-1中2000国家大地坐标系和GPS所采用的WGS84坐标系均为地心坐标系。

另外,各国为了更准确地描述本国的地形特征,需要人为地移动椭球中心贴合本国的地球表面,以参考椭球与大地水准面相切的点为原点,以参考椭球面为基准面建立的坐标系称为参心坐标系。表1-1中1954北京大地坐标系和1980西安大地坐标系均为参心坐标系,1954北京大地坐标系的大地原点位于俄罗斯的普尔科沃天文台,1980西安大地坐标系的大地原点位于我国陕西省咸阳市泾阳县永乐镇。

表1-1 我国常用坐标系

坐标系类型	长半轴/km	扁率	所建立的坐标系名称
参心坐标系	6 378.245	1/298.3	1954北京大地坐标系
参心坐标系	6 378.140	1/298.257	1980西安大地坐标系
地心坐标系	6 378.137	1/298.257 223 563	WGS84坐标系
地心坐标系	6 378.137	1/298.257 222 101	2000国家大地坐标系

1.2.2.3 平面直角坐标系统

地理坐标是一种球面坐标,只能确定点位在球面上的位置,不便直接用于测图,因此制图时首先要把曲面展为平面。然而,球面是个不可展的曲面,即把它直接展为平面时不可能不发生破裂或出现褶皱,所以必须采用特殊的方法将球面坐标转换成平面直角坐标。

地图投影的变形通常有长度变形、面积变形和角度变形。在实际应用中,根据使用地图的目的,限定某种变形。

按变形性质分类,分为等角投影(角度变形为零)、等积投影(面积变形为零)、任意投影(长度、角度和面积都存在变形)。其中,各种变形相互联系、相互影响,如等积与等角互斥,等积投影角度变形大,等角投影面积变形大。

按投影面类型划分,分为横圆柱投影(投影面为横圆柱)、圆锥投影(投影面为圆锥)、方位投影(投影面为平面)。

按投影面与地球位置关系划分,分为正轴投影(投影面中心轴与地轴相互重合)、横轴投影(投影面中心轴与地轴相互垂直)、斜轴投影(投影面中心轴与地轴斜向相交)、相切投影(投影面与椭球体相切)、相割投影(投影面与椭球体相割)。

在我国1∶100万以下比例尺常用兰勃特(Lambert)投影(等角圆锥投影),1∶50万、1∶25万、1∶10万、1∶5万、1∶2.5万、1∶1万、1∶5000都是采用高斯-克吕格投影(简称高斯投影,为等角横轴切椭圆柱投影)的方法进行转换。下面介绍高斯平面直角坐标系的建立方法。

1. 分带

为了控制从球面投影到平面引起的较大长度变形,高斯投影采取分带投影的方法,使每带内最大变形能够控制在测量精度允许的范围内。它采取 6°分带,即从格林尼治首子午线起每隔经差 6°划分为一个投影带,由西向东将椭球面等分为 60 个带,带号 N 依次编为 1~60。因此,6°带中央子午线的经度 L_0 与其带号 N 的关系为:$L_0 = 6 \times N - 3$。

2. 投影

设想将一个平面卷成一个空心椭圆柱,把它横套在地球椭球面上,使椭圆柱的中心轴线位于椭球赤道面内且通过球心,将椭球面上需投影的那个 6°带的中央子午线与椭圆柱面重合,采用等角投影的方式将这个 6°带投影到椭圆柱面上,然后沿着椭圆柱面过南、北极的两条母线将椭圆柱面切开并展成平面,便得到此 6°带在平面上的投影,如图 1-6 所示。

显然,距离中央子午线越远,投影变形越大。为了控制变形,满足精密测量和大比例尺测图的需要,有时还可采取 3°分带法或 1.5°分带法进行投影。3°分带从东经 1.5°开始,自西向东每隔 3°划分为 1 个投影带,带号 N' 依次编为 1~120。因此,3°带中央子午线的经度 L'_0 与其带号 N' 的关系为:$L'_0 = 3N'$。其中,1:2.5 万至 1:50 万比例尺地图采用 6°分带,1:1 万比例尺地形图采用 3°分带。6°带和 3°带的划分情况如图 1-7 所示。

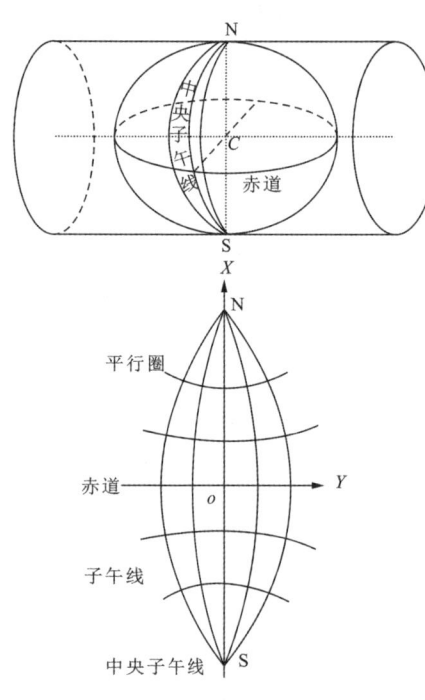

图 1-6 等角横切椭圆柱投影

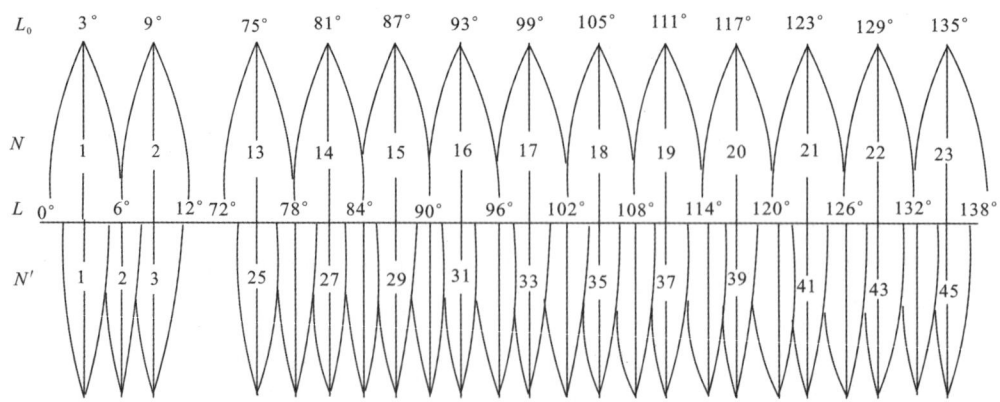

图 1-7 6°带与 3°带划分

3. 建立坐标系

在经投影所得的影像平面中,中央子午线和赤道的投影是直线,且相互垂直,因此以中央子午线投影为 X 轴,赤道投影为 Y 轴,两轴交点为坐标原点,即得高斯平面直角坐标系。由于我国领土全部位于赤道以北,各地面点的纵坐标均为正,为避免横坐标出现负值,将每带的坐标原点向西平移 500km,这样无论横坐标的自然值原本是正还是负,加 500km 后都能保证为正。此外,为了判明点位所在的投影带,规定横坐标值之前加上投影带号,因此我国高斯平面直角坐标系的横坐标由带号、500km 以及自然坐标值 3 个部分组成,这样的横坐标值称为国家统一坐标系的横坐标通用值。在我国的领土范围内,经过分带 6° 带号在 13～23 之间,而 3° 带号在 24～45 之间,没有重叠带号,因此根据横坐标通用值就可判定投影带是 6° 带还是 3° 带。例如某点位于第 20 带,其横坐标自然值为 $-269\,583.10\text{m}$,加上 500km 应为 230 416.90m,再加带号,则该点的横坐标通用值 $Y=20\,230\,416.90\text{m}$,该投影带为 6° 带。

高斯平面直角坐标系特点为:①中央子午线是直线,其长度不变形,其他子午线是凹向中央子午线的弧线,并以中央子午线为对称轴;②赤道线是直线,但有长度变形,其纬线为凸向赤道的弧线并以赤道为对称轴;③经线和纬线投影后仍然保持正交;④离中央子午线越远,变形越大。

1.2.3 地图分幅

地图分幅是为了快速查找与拼接地图,对不同比例尺的地图采用经纬差进行分割和行列编号的一种方法。我国基本比例尺有 1∶100 万、1∶50 万、1∶25 万、1∶10 万、1∶5 万、1∶2.5 万、1∶1 万、1∶5000 等(注意:1∶20 万图幅不是基本比例尺图幅)。基本比例尺地图以 1∶100 万地图为基础,按规定的经差和纬差采用逐次加密划分方法划分图幅。不同比例尺的图幅将 1∶100 万的图幅划分成若干行和列,使相邻比例尺地图的经纬差、行列数和图幅数呈简单的倍数。

我国 1∶100 万地图分幅采用国际 1∶100 万地图分幅标准。在纬度 0°～60° 之间每幅图的经差为 6°,纬差为 4°;在纬度 60°～76° 之间双幅合并,即每幅图的经差为 12°,纬差为 4°;在纬度 76°～88° 之间 4 幅合并,即每幅图的经差为 24°,纬差为 4°。我国 1∶100 万地图分幅情况如图 1-8 所示,北京、武汉所在图幅分别为 J50 和 H50。

以 1∶100 万图幅为基准,不同比例尺图幅的分幅编号规则如表 1-2 所示。

将一幅 1∶100 万地图按相应比例尺地图的经差、纬差划分成若干行和列,横行从上到下、纵列从左到右按顺序分别用阿拉伯数字(数字码)编号,这样便于计算机运算处理。图幅编号的行、列代码均用 3 位数字表示,不足 3 位时前面补 0,取行号在前、列号在后的排列形式标记,加在 1∶100 万图幅的图号之后。每幅图的编号是由该图幅所在的 1∶100 万图幅行号码、列号码、比例尺代码以及各自图幅所在的行号和列号的数字码组成,如图 1-9 所示。

基于上述图幅划分和构成规则,如果已知图幅内某点的经纬度,便可以计算该点对应不同比例尺地图的图幅编号。例如北京某地坐标为北纬 39°22′30″,东经 114°33′45″,计算其所在 1∶5 万比例尺地图的图幅号的过程如下。

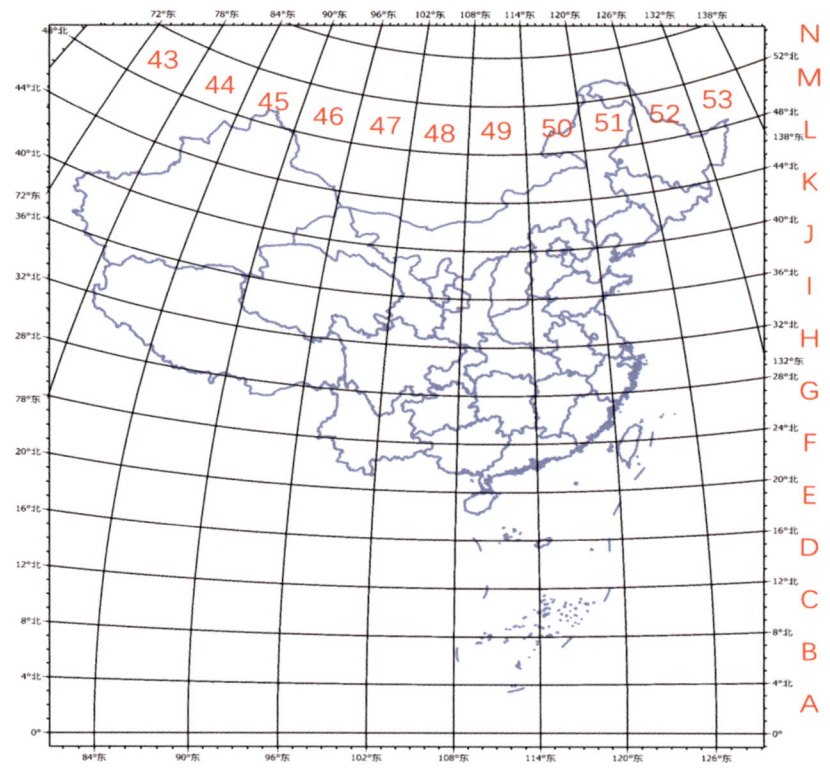

图 1-8　我国 1∶100 万地图分幅和编号示意图

表 1-2　不同比例尺图幅的分幅编号规则

比例尺	比例尺代码	经差	纬差	行数/行	列数/列	可分图幅数/个
1∶100 万	A	6°	4°	1	1	1
1∶50 万	B	3°	2°	2	2	4
1∶25 万	C	1°30′	1°	4	4	16
1∶10 万	D	30′	20′	12	12	144
1∶5 万	E	15′	10′	24	24	576
1∶2.5 万	F	7′30″	5′	48	48	2304
1∶1 万	G	3′45″	2′30″	96	96	9216
1∶5000	H	1′52.5″	1′15″	192	192	36 864

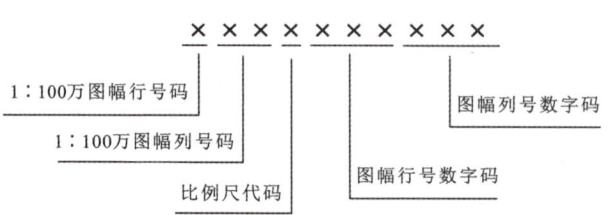

图 1-9　图幅编号组成

(1) 计算 1∶100 万图幅编号。

$$\begin{cases} a = \left[\dfrac{\phi}{4}\right]+1 \\ b = \left[\dfrac{\lambda}{6}\right]+31 \end{cases} \tag{1-1}$$

式中：[ ] 表示取整；a 表示 1∶100 万图幅所在纬度带字符码所对应的数字码；b 表示 1∶100 万图幅所在经度带字符码所对应的数字码；λ 表示图幅内某点的经度；ϕ 表示图幅内某点的纬度。代入经纬度值，得到 $a=10$，对应字符码编号为 J；$b=50$，则图幅编号为 J50。

(2) 根据计算图幅的比例，查出比例尺代码。根据表 1-2，查得 1∶5 万比例尺图幅代码为 E。

(3) 根据比例尺计算图幅行号和列号。根据表 1-2，查得 1∶5 万比例尺图幅的经差为 15′，纬差为 10′，行号和列号的计算公式为

$$\begin{cases} c = 4°/\Delta\phi - [(\phi/4°)/\Delta\phi] \\ d = [(\lambda/6°)/\Delta\lambda]+1 \end{cases} \tag{1-2}$$

式中：( ) 表示取余数；c 表示图幅后的行号；d 表示图幅后的列号；$\Delta\lambda$ 表示某比例尺分幅经度差；$\Delta\phi$ 表示某比例尺分幅纬度差。代入经纬度值，得到 $c=4$，$d=3$。

综上所述，可以得到北纬 39°22′30″、东经 114°33′45″某地所在 1∶5 万标准分幅编号为 J50E004003。

更详细的描述可参考《国家基本比例尺地形图分幅和编号》(GB/T 13989—2012)。

1.3 空间数据结构

地理信息系统的空间数据结构是指空间数据的编排方式和组织关系。空间数据编码是将空间数据按照一定的规则和方法进行转换的重要基础步骤，目的是将图形数据、影像数据、统计数据等资料按一定的数据结构转换为适用于计算机存储和处理的形式。一种高效率的数据结构，应具备几方面的要求(吴信才，2002)：①准确表达要素之间的层次关系，便于不同的数据连接和覆盖；②准确反映地理实体的空间排列和各实体之间的相互关系；③易于访问和搜索；④节省存储空间，减少数据重复；⑤在电脑上能实现快速响应；⑥具有插入新数据、删除或修改部分数据的基本功能。GIS 软件支持的主要空间数据结构有栅格数据结构和矢量数据结构两种形式。

1.3.1 栅格数据结构

1.3.1.1 栅格数据的基本概念

栅格数据是指将空间区域划分为大小均匀、紧密相邻的像元阵列，每个网格作为一个像元或像素，由行、列定义。由于栅格数据是按一定规则排列的，所以表示的实体位置关系是隐含在行、列号之中的。网格中每个元素的代码代表了实体的属性或属性的编码，根据所表示实体的表象信息差异，可用不同的值来表示各像元，但每个像元在一个网格中只能取值

一次。要表示多个属性,就要用多个栅格平面。

实体可分为点实体、线实体和面实体。点实体在栅格数据中表示一个像元,线实体则表示在一定方向上连接成串的相邻像元集合,面实体由聚集在一起的相邻像元集合表示。这种数据结构便于计算机对面状要素进行处理。

1.3.1.2 栅格数据的取值方法

栅格数据结构容易实现,算法简单,且易于扩充、修改,也很直观,特别是易于同遥感影像进行结合处理,给地理空间数据处理带来了极大的便利。但是用栅格数据表示的地表是不连续的,栅格数据是量化和近似离散的数据,这意味着地表在一定面积内(像元地面分辨率范围内)的地理数据具有近似性。在实际数据中,一个像元可能对应多种不同的属性,这样多重属性的网格可以划分为更小的栅格尺寸,但数据量会增大,此时可以按不同的取值方法进行数据取舍。

(1)中心归属法:每个栅格单元的值以网格中心点对应的面域属性值来确定,如图 1-10a 所示。

(2)长度占优法:每个栅格单元的值以网格中线(水平或垂直)的大部分长度所对应的面域的属性值来确定,如图 1-10b 所示。

(3)面积占优法:每个栅格单元的值以在该网格单元中占据最大面积的属性值来确定,如图 1-10c 所示。

(4)重要性法:根据栅格内不同地物的重要程度,选取特别重要的空间实体决定对应的栅格单元值,如稀有金属矿产区,所在区域尽管面积很小或并不位于中心,也应采取保留的原则,如图 1-10d 所示。

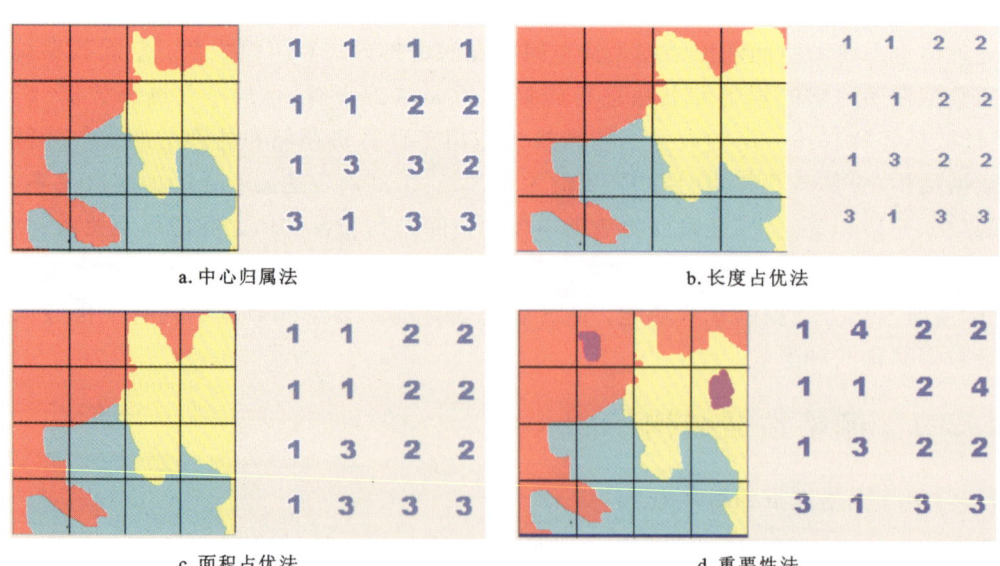

图 1-10 栅格数据的取值方法

1.3.1.3 栅格数据存储的压缩编码

直接栅格编码是最简单直观而又非常重要的一种栅格结构编码方法,直接栅格编码就是将栅格数据看作一个数据矩阵,逐行(或逐列)逐个记录代码,如数字地面模型。

如果一个多边形内的多个像元都具有相同的属性值,就可以采用压缩编码的方式来用尽可能少的数据量记录更多的信息。压缩编码可分为信息无损编码和信息有损编码。信息无损编码是指编码过程中没有任何信息损失,通过解码操作可以完全恢复原来的信息。信息有损编码是指为了提高编码效率,最大限度地压缩数据,在压缩过程中损失一部分相对不太重要的信息,解码时这部分难以恢复。

常见的压缩编码方式有以下几种。

(1) 链式编码:将线状地物或区域边界表示成由某一起始点和在某些基本方向上的单位矢量链组成。

(2) 行程编码:指在各行(或列)数据的代码发生变化时依次记录该代码以及相同代码重复的个数,即按属性值或重复个数编码。

(3) 块式编码:是将行程编码的思想扩展到二维空间的编码方式,把多边形范围划分成由像元组成的正方形(或矩形),然后对各个正方形(或矩形)进行编码。

(4) 四叉树编码:将图像区域按 4 个大小相同的象限四等分,每个象限再根据一定规则判断是否继续等分为次一层的 4 个象限,无论分割到哪一层象限,当子象限上仅含一种属性代码或符合既定要求的少数几种属性时,则停止继续分割,否则就一直分割到单个像元为止。

1.3.2 矢量数据结构

矢量是具有一定大小和方向的量,在数学上和物理上叫作向量。矢量数据就是代表地图图形的各离散点平面坐标(x,y)的有序集合,矢量数据结构是一种用于表示地理空间数据的方式,它通过记录坐标尽可能地将点、线、面地理实体表达得精确无误。矢量数据的坐标空间假定为连续空间,不必像栅格数据结构那样进行量化处理,因此矢量数据能更精确地定义位置、长度和大小。矢量结构允许最复杂的数据以最小的数据冗余进行存储,相对栅格结构来说,数据精度高,所占空间小,是高效的空间数据结构。其精度仅受数字化设备的精度和数值记录字长的限制。

1.3.2.1 实体式数据结构

1. 点实体

点实体包括由单独一对(x,y)坐标定位的一切地理或制图实体。点是空间上不可再分的地理实体,可以是具体的也可以是抽象的,如地物点、文本位置点或线段网络的节点等。在矢量数据结构中,对于点实体,除了存储其坐标信息以确定其在空间中的位置外,还应存储其他一些与点实体有关的数据来描述点实体的类型、制图符号和显示要求等。如果点是一个与其他信息无关的符号,则记录时应包括符号类型、大小、方向等有关信息;如果点是文本实体,记录的数据应包括字符大小、字体、排列方式、比例、方向以及与其他非图形属性的联系方式等信息。图 1-11 是点实体矢量数据结构的一种组织方式。

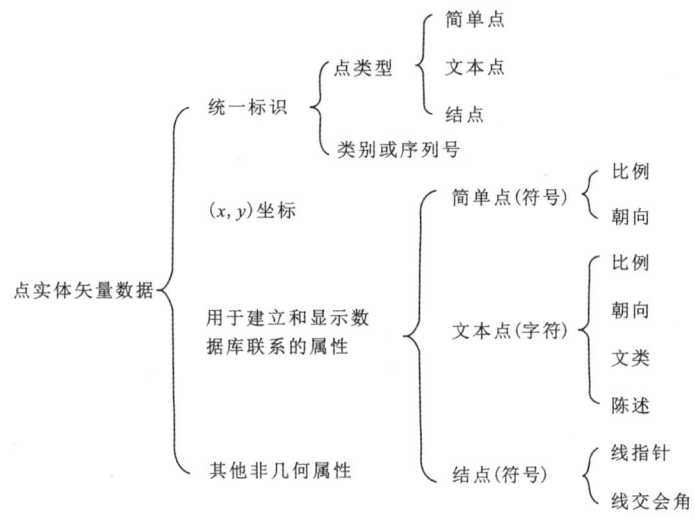

图 1-11　点实体的矢量数据结构

2. 线实体

线实体可以是直线,也可以是弧和链。直线由两对 (x,y) 坐标定义,最简单的线实体只存储它的起始点和终止点坐标、属性、显示符等有关数据。例如线实体输出时可能用实线或虚线描绘,这类信息属符号信息,它说明线实体的输出方式。弧和链是 n 个坐标对的集合,这些坐标可以描述任何连续而复杂的曲线。组成曲线的线元素越短,(x,y) 坐标数量越多,就越逼近于一条复杂的曲线。在弧和链的存储记录中也要加入线的符号类型等信息。

线实体主要用来表示线状地物(道路、水系、断裂)、符号线和多边形边界,其矢量编码的内容如图 1-12 所示。其中,唯一标识码是系统排列序号;线标识码可以标识线的类型;起始点和终止点可以用点号或直接用坐标表示;显示信息是显示时的文本或符号等;与线相联系的非几何属性可以直接存储于线文件中,也可单独存储,通过标识码链接查找。

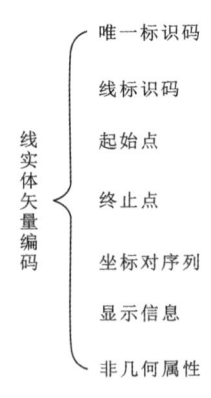

图 1-12　线实体矢量编码的基本内容

3. 面实体

多边形(或称为区、面)数据是由一组有序线段包围而成的区域,采用一组首尾重合的有序线段表示。在面实体中,具有名称属性和分类属性的多用多边形表示,如行政区、地层岩性、植被分布等;具有标量属性的有时也用等值线描述,如高层、降水量等。

多边形矢量编码不但要表示面实体的位置和属性,更为重要的是要能表达区域的拓扑性质,如形状、邻域和层次等,其编码比点实体和线实体的矢量编码要复杂得多。

1.3.2.2　拓扑数据结构

1. 拓扑学

拓扑学(topology),是研究几何图形或空间在连续改变形状后,一些性质还能保持不变的学科。它只考虑物体间的位置关系而不考虑它们的形状和大小。如图 1-13 所示,虽然 a、b、c、d 中各物体的形状及边界不同,但这 3 个图形是"拓扑等价"的,它们具有同样的拓扑性质。

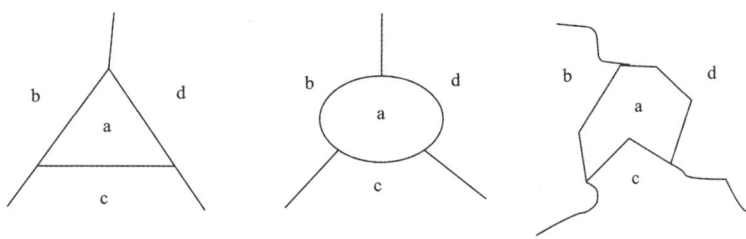

图 1-13 拓扑等价的 3 个图形

2. 拓扑关系

在地图上仅用距离和方向参数描述图上目标之间的关系是不够的,因为图上两点间的距离或方向(在实地上是一定的)会随地图投影不同而发生变化,但另一些性质则保持不变,如邻接性、包含性、相交性和空间目标的几何类型(点、线、面特征类型)等。这类在连续变形中保持不变的属性称为拓扑属性。

拓扑关系是指点、弧段、面域之间的空间关系,主要表现为下列 3 种关系。

(1)拓扑邻接:指存在于空间图形的同类元素之间的拓扑关系。如图 1-14a 所示,结点邻接关系有 N_1/N_4、N_1/N_2 等,多边形邻接关系有 P_1/P_3、P_2/P_3 等。

(2)拓扑关联:指存在于空间图形的不同类元素之间的拓扑关系。如图 1-14a 所示,结点与弧段关联关系有 N_1 与 C_1、C_3、C_6,N_2 与 C_1、C_2、C_5 等,多边形与线段的关联关系有 P_1 与 C_1、C_5、C_6,P_2 与 C_2、C_4、C_5、C_7 等。

(3)拓扑包含:指存在于空间图形的同类但不同级的元素之间的拓扑关系。如图 1-14b 所示,P_1 包含 P_2 和 P_3。

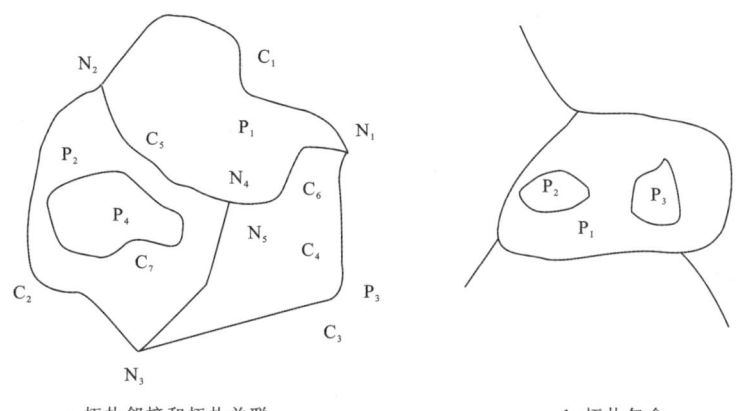

a. 拓扑邻接和拓扑关联　　　　　　　　b. 拓扑包含

图 1-14 拓扑关系空间几何实体图形

空间数据拓扑关系对地理信息系统的数据处理和空间分析具有重要意义。根据拓扑关系，不需要利用坐标或距离，就可以确定一种地理实体相对于另一种地理实体的位置关系，拓扑数据也有利于空间要素的查询。

3. 拓扑数据结构

在矢量拓扑数据结构中，空间数据不但要记录空间实体的位置，而且要记录空间实体间的拓扑关系。建立拓扑关系是一种对空间结构关系进行明确定义的数学方法。因此，在矢量拓扑结构表示方法中，任何地理实体均可以用点、线、面来表示其特征，并且可根据各实体间的空间拓扑关系，解译出更多的信息。

许多 GIS 软件只使用其中几种最基本的拓扑关系，就能满足大多数的空间分析需要（例如 DGSGIS、MORPAS），更复杂的空间分析也需要更多的拓扑关系。一般地，建立的拓扑关系越多，数据编辑的维护难度就越大、越复杂。

1.3.2.3 矢量数据与栅格数据的比较

在 GIS 建立过程中，应根据应用目的和应用特点、可能获得的数据精度以及地理信息系统软件和硬件配置情况，选择合适的数据结构（表 1-3）。矢量结构更有利于网络分析和制图应用。栅格数据结构是一种影像数据结构，适用于图像的处理。通常，地球物理、地球化学、遥感等数据中涉及连续分布的场数据以及影像数据使用栅格模型比较合适，对于地质图、矿点、地球物理、地球化学采样点等方面的应用，矢量模型比较合适。

表 1-3 矢量数据和栅格数据的比较

比较项	矢量数据	栅格数据
数据大小	数据存储量小	数据存储量大
数据结构	复杂	简单
位置精度	空间位置精度高	空间位置精度低
拓扑关系	用网络连接法能完整描述拓扑关系	难于建立网络连接关系
数据获取	获取数据慢	快速获取大量数据
数据输出	输出容易，绘图细腻、精确、美观	输出速度快，但绘图粗糙、不美观
输出设备	只能在矢量式数据绘图机上输出	只能在栅格数据绘图机上输出
数据计算	计算多边形周长、面积、总和、平均值不如栅格数据效果好	计算多边形周长、面积、总和、平均值效果更好
数学模拟	困难	方便
叠合分析	多种地图叠合分析困难	多种地图叠合分析方便
图像处理	不能直接处理数字图像信息	能直接处理遥感数字图像信息
空间分析	不容易实现	易于进行

矢量结构与栅格结构的相互转换是地理信息系统的基本功能之一,目前已经研发了许多高效的转换算法。但是,从栅格数据到矢量数据的转换,特别是扫描图像的自动识别,仍然是目前研究的重点。

对于点实体,每个实体仅由一组坐标对表示,其矢量结构和栅格结构的相互转换基本上只是坐标精度变换问题,不存在太多的技术问题。线实体的矢量结构由一系列坐标对表示。在变为栅格结构时除把序列中坐标对变为栅格行列坐标外,还需根据栅格精度要求在坐标点之间插满一系列栅格点,这也容易由两点式直线方程得到。线实体由栅格结构变为矢量结构与将多边形边界表示为矢量结构方法相似,有内部点扩散算法、扫描算法、基于图像数据的矢量化方法、基于再生栅格数据的矢量化方法等。

1.4 空间分析

空间分析是 GIS 系统的重要功能之一,空间分析主要通过空间数据和空间模型的联合分析来挖掘空间目标的潜在信息,而这些空间目标的基本信息无非是其空间位置、分布、形态、距离、方位、拓扑关系等。其中,距离、方位、拓扑关系组成了空间目标的空间关系,体现了地理实体之间的空间特性,可以作为数据组织、查询、分析的基础。通过将地理空间目标划分为点、线、面不同的类型,可以获得这些不同类型目标的形态结构。将空间目标的空间数据和属性数据结合起来,可以实现许多特定任务的空间计算与分析。

从宏观上划分,空间分析可以归纳为以下 3 个方面。

(1)基于空间图形数据的分析运算:包括空间图形数据的拓扑运算,即旋转变换、比例尺变换、二维和三维显示及几何元素计算等。

(2)基于非空间属性的数据运算:包括数据检索、逻辑与数学运算、重分类和统计分析等。

(3)空间和非空间数据的联合运算:包括与拓扑相关的数据检索、叠置处理、区域分析、邻域分析、网络分析和空间内插等。

由此可见,空间分析的内容相当广泛,下面简要介绍空间查询、叠置分析、缓冲分析、空间插值等核心内容。

1.4.1 空间查询

空间查询可以执行属性数据查询(如全部区域的高层建筑物的总和是多少),也可以查询空间拓扑关系(如中国与哪些国家相邻),但更多、更有意义的做法是将空间数据与属性联合起来实施检索分析(如某多边形周边有哪些岩性为闪长岩的多边形),结果可以是一个新的属性或者是生成一个新的数据层。

1. 属性统计分析

属性统计分析包括单属性统计、单属性函数变换、双属性分类统计和双属性分类统计等。

单属性统计是对属性数据库中的某个字段计算其长度、距离、面积、重心、总和、最大值、最小值、平均值、字段在某范围内的记录数、四则运算、函数运算等,并据此绘制各类统计图。

例如在区域河网系统中,提出诸如"路网总长是多少""流量大于某值的河段有多少"等问题,这些都可以通过单属性统计来获得答案。

单属性函数变换是将属性字段作为选定的初等函数的自变量,将字段值依次代入初等函数,得到变换结果。

双属性分类统计除了要选择分类字段,并划分出各类范围外,还需要指定统计字段和统计方式。以矿产调查为例,假定现有某一数据层是一个省的全部矿产图斑(区数据),图斑属性包括权属号(记录图斑所属行政区)、面积、矿产类型等字段。如果要统计各矿产图斑总面积,就可以将图斑属性中的"权属号"作为分类字段,"面积"作为统计字段,采用是累计方式来统计;如果要统计每种矿产的类型,则要将"矿产类型"作为统计字段,采用计数方式来统计。

2. 布尔逻辑查询

布尔逻辑的运算有"和"(AND)、"或"(OR)、"异或"(XOR)、"非"(NOT)等。例如假设集合 α 是埋深小于 50m 的矿脉,集合 β 是长度大于 500m 的矿脉。那么,逻辑运算 $\alpha AND \beta$ 就检索出埋深小于 50m 且长度大于 500m 的所有矿脉;$\alpha OR \beta$ 则检索出埋深小于 50m 或长度大于 500m 的所有矿脉;$\alpha XOR \beta$ 检索出埋深小于 50m 或长度大于 500m 的所有矿脉,但不包括两个条件同时满足的那些矿脉;$\alpha ANDNOT \beta$ 则检索出埋深小于 50m 但长度小于或等于 500m 的所有矿脉。

3. 空间数据库查询

不同系统使用不同的查询方式,这就导致应用时会出现很多不便,因此人们一直在寻找适用于 GIS 的通用查询语言,并致力于建立相应标准。

GIS 中的查询首先是数据库的查询,结构化查询语言(SQL)作为关系型数据库的标准查询语言,因为它的非过程化描述和简洁性而为许多 GIS 软件所采用。如今 Python 语言因为易学易懂也被应用于数据库查询。

4. 重分类、边界消除与合并

重分类、边界消除与合并常常用于区域(多边形)数据的操作中,这些操作用来根据属性聚合区域。在图 1-15 中,原始数据层中的多边形是根据更细的类别来划分的,每一个多边形中的岩性类型和土壤类型完全一致,如图 1-15a 所示。

为了从一个数据层中得到岩性类型分布图,可以实施以下步骤:①按照土壤类型这个属性项对原始数据层重分类,如图 1-15b 所示;②如果两相邻多边形具有相同岩性类型,则删除它们之间的分界弧段,这就是边界消除;③重建拓扑,将没有分界弧段的相邻多边形合并成一个,如图 1-15c 所示。

1.4.2 叠置分析

叠置分析是 GIS 最常用的提取空间隐含信息的手段之一。叠置分析就是将各数据层综合起来进行分析,如求取矿产点到断裂的距离,这类问题就需要对多层数据实施叠置来产生具有新特征的数据层。

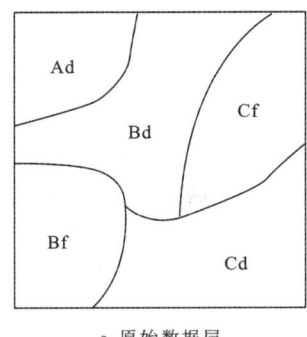 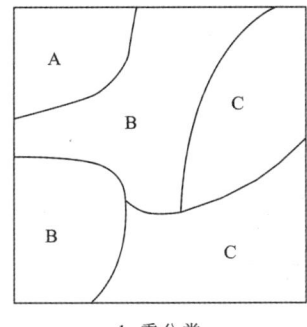 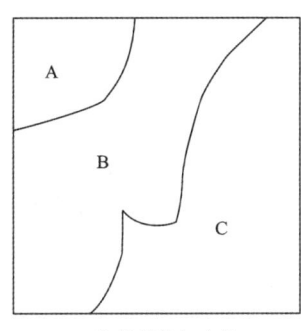

a. 原始数据层　　　　　　　　b. 重分类　　　　　　　　c. 边界消除与合并

图 1-15　重分类、边界消除与合并

1. 栅格系统的叠加分析

在栅格系统中，层间叠加可通过像元之间的各种运算来实现。叠加操作的输出结果有：①各层属性数据的平均值；②各层属性数据的最大值或最小值；③算术运算结果；④逻辑条件组合。

在各类地质综合分析中，栅格方式的叠置分析十分有用，很多种类的原始资料，如化探资料、物探资料、地磁资料等，都是离散数据，容易转换成栅格数据，因而便于栅格方式的叠置分析。另外，由于没有矢量叠加时产生细碎多边形的问题，栅格方式的叠置所产生的结果有时更为合理，但图元间拓扑关系信息容易丢失。

2. 矢量系统的叠加分析

矢量系统的叠加分析比栅格系统要复杂得多。当两层数据叠加时，需要计算新生成图形要素的拓扑关系和属性特征。两线交叉时，要计算新的交叉点；一条线穿过某一区域时，必然产生两个子区域。叠加方式有多边形对多边形的叠加、线对多边形的叠加、点对多边形的叠加、多边形对点的叠加及点对线的叠加。

下面以多边形对多边形叠加分析为例进行简要介绍。

多边形对多边形合成叠加的结果，是在新的叠置图上产生了许多新的多边形，每个多边形内都具有两种以上的属性。例如将一个描述地域边界的多边形数据层叠加到一个描述土壤类别分界线的多边形要素层上，得到的新的多边形要素层就可以用来显示一个城市中不同分区的土壤类别。多边形对多边形的叠加有合并、相交、相减和裁剪等方式。

(1) 合并：保留两个输入数据层中所有的多边形(图 1-16)。

(2) 相交：保留两个输入数据层重合的区域(图 1-17)。

(3) 相减：从一个数据层中擦除另一个数据层的全部区域(图 1-18)。

(4) 裁剪：将一个数据层作为模板，将另一个输入层叠加在它上面，落在模板层边界范围内的要素被保留，而落在模板层边界范围以外的要素则被剪切掉(图 1-19)。

线对多边形叠加的结果是得到了一些弧段，这些弧段也具有它们所在的多边形的属性。点对多边形叠加实质上是计算包含关系，叠加结果是得到了一串带有附加属性的点要素，点所在的多边形的属性被连接到了点的属性中。叠加分析有相交、判别、相减等方式,其叠加逻辑与上述多边形对多边形的叠加相似。

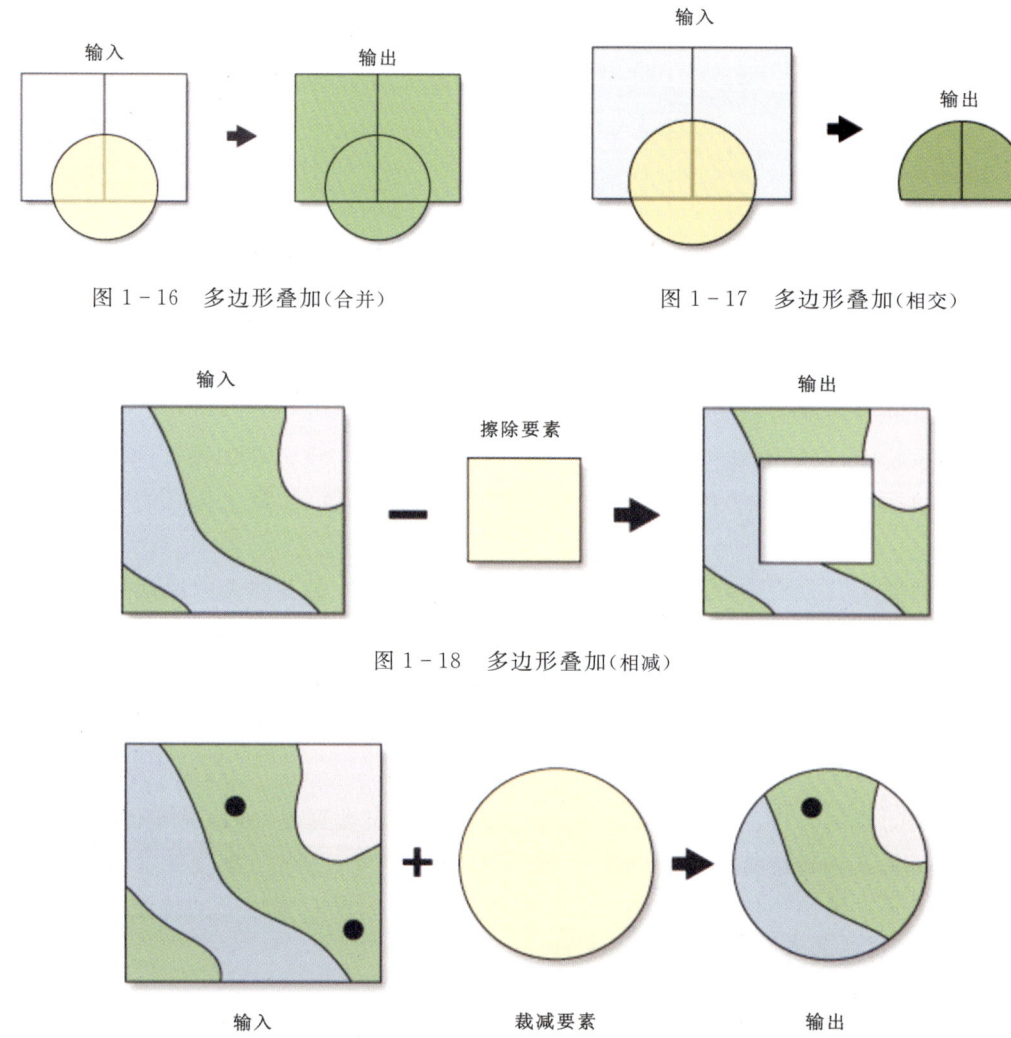

图 1-16　多边形叠加(合并)

图 1-17　多边形叠加(相交)

图 1-18　多边形叠加(相减)

图 1-19　多边形叠加(裁剪)

1.4.3　缓冲分析

缓冲分析是在点、线、面实体(或称缓冲目标)周围建立一定宽度范围的多边形。缓冲区根据产生情况可分为 3 种类型:一是基于点要素的缓冲区,通常是以点为圆心、以一定距离为半径的圆;二是基于线要素的缓冲区,通常是以线为中心轴线,距中心轴线一定距离的平行条带多边形;三是基于面要素多边形边界的缓冲区,向外或向内扩展一定距离以生成新的多边形。任何目标所产生的缓冲区总是一些多边形,这些多边形将构成新的数据层,如图 1-20 所示。

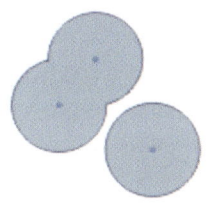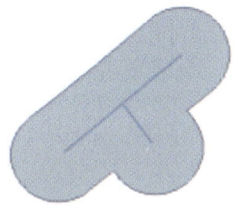

图 1-20　缓冲分析

1.4.4　空间插值

空间插值常用于将离散点的测量数据转换为连续的数据曲面(图 1-21),以便与其他空间现象的分布模式进行比较,包括空间内插和外推两种算法。空间内插算法是一种通过已知点的数据推求同一区域其他未知点数据的计算方法;空间外推算法则是通过已知区域的数据,推求其他区域数据的方法。

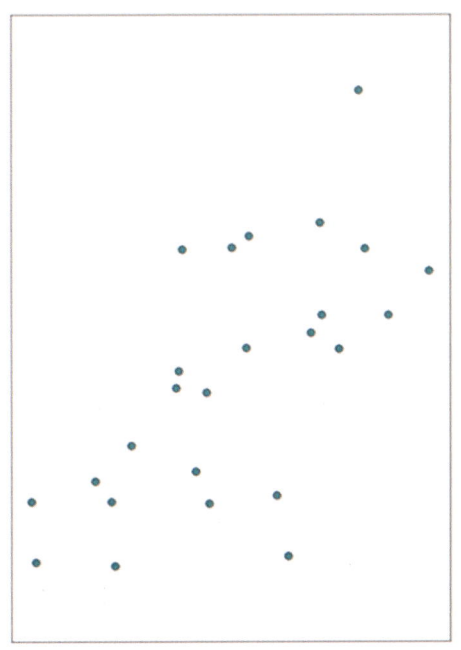

图 1-21　空间插值示意图

空间插值方法分为两类:一类是确定性插值方法,另一类是地质统计学插值方法。确定性插值方法是基于信息点之间的相似程度或者整个曲面的光滑性来创建一个拟合曲面的方法,如反距离加权平均插值法(Inverse Distance Weighting Interpolation,IDW)、趋势面法、样条函数法等。地质统计学插值方法是利用样本点的统计规律,使样本点之间的空间自相关性定量化,从而在待预测的点周围构建样本点的空间结构模型的方法,如克里金插值法

（Kriging）。确定性插值方法的特点是样本点处的插值结果与原样本点实际值基本一致,若是利用非确定性插值方法的话,在样本处的插值结果与样本实测值就不一定一致了,有的相差甚远。

 复习思考题

(1)请简述地质信息科学与地理信息系统的区别和联系。
(2)请简述地理坐标系与平面直角坐标系的区别。
(3)东经102.5°在3°带及6°带划分方案中分别位于哪一个带?各自的中央经度是多少?
(4)计算北纬38°23′30″,东经111°43′15″某地所在1∶2.5万图幅的图幅号。
(5)对比分析矢量数据和栅格数据的优缺点。
(6)简述空间分析中矢量系统和栅格系统进行叠置分析的异同点。
(7)简述空间分析中空间插值方法。

2 区域地质调查基础

2.1 区域地质调查概述

2.1.1 区域地质调查简述

区域地质调查(regional geological survey),在传统上被称为区域地质测量或区域地质填图,是指以地球系统科学和板块构造理论为指导,对选定图幅或地区的区域地质、矿产资源和环境地质等内容开展综合性地质调查研究,并通过不同比例尺的地质图和有关专题图及调查报告等成果表达的一项基础性和先行性工作。区域地质调查以野外地质调查为主要手段,客观准确地观察和记录野外地质现象,采集野外各项原始地质数据资料,通过野外调查与室内综合研究相结合、宏观与微观相结合,综合运用地球物理、地球化学、遥感、钻探、槽探等技术方法,查明区内地层、古生物、岩石、构造、矿产以及各种地质体的物质组成、结构构造、产状、分布特征及相互关系,阐明其形成时代、地质背景与环境及演化规律。

区域地质调查的目的是为国土规划、矿产普查、水文地质、工程地质、环境地质勘查、地质科研、地质教学等提供地质资料,为地质工作部署、成矿远景区划、成矿预测提供地质依据,为城市发展与规划、国防建设等提供基础性地质资料。因此,区域地质调查是反映国家地质调查与研究程度的重要指标。

2.1.2 区域地质调查特点

区域地质调查既是地质工作的先行步骤,又是地质工作的基础性工作,具有综合性、公益性以及战略性特点。

(1)综合性:具有多学科、多工种、综合性强、服务领域广的特点,几乎涵盖地学所有的基础学科,如沉积岩、岩浆岩、变质岩、构造、矿产、物探、化探、遥感等学科。需要运用新理论、新技术和新方法,在区域地质调查成果中反映地质科学不断发展过程中的新内容和新水平。因此,区域地质调查具有综合性,是一种复杂且涉及面广的科研和生产工作。

(2)公益性:通常由国家投资,由地质调查机构统一部署和实施,成果面向全社会,服务于国民经济建设各个领域,如向地方提供经济发展和重大工程建设、城市地质、农业地质、生态环境、地质灾害、旅游地质等国计民生的基础地质资料。

(3)战略性:国家有计划地部署地质工作,以查明成矿带、重大工程建设区等的地质背景,保证国家经济安全的战略资源勘查(如能源、稀有金属等战略物资储备),保障人类赖以生存的可持续发展。

根据中国地调局规范《区域地质调查规范(1∶50 000)》(DZ/T 0475—2024),1∶5 万区域地质调查应遵循如下原则。

(1)以板块构造理论为指导,以满足国家重大需求和解决关键基础地质问题为工作部署导向,加强野外地质观测研究,应用遥感、地球物理、地球化学、钻探和测试分析等技术方法,开展区域地质调查。

(2)强化地质调查与科学研究融合,加强预研究,将科学研究贯穿调查全过程,充分应用大数据、云计算和人工智能等高新技术,将数字和智能区域地质调查技术应用于区域地质调查全过程。鼓励、加强新技术、新方法的探索应用与示范推广。

(3)工作量根据目标任务、拟解决的关键地质问题、调查区范围和地理特点合理设定,按照重点调查区和一般调查区合理部署,有效控制精度基本能够达到1∶5 万的要求。重点调查区可开展更大比例尺的调查。

(4)填图负责人需具备扎实的基础地质理论知识和长期野外工作实践经验,根据区域地质特征和拟解决的关键地质问题,合理配置稳定的专业技术人员。填图负责人及主要成员在项目执行过程中原则上不应变更。

(5)野外工作底图采用公开发行或符合精度要求的1∶2.5 万地形图,或采用符合精度要求的航空、卫星等影像图,或据此编制的符合1∶5 万区域地质调查精度要求的图件。成果地质图底图采用1∶5 万地形图。公开发布或出版的地质图底图采用非涉密且能表达基本地理信息的图件。

(6)突出用户需求和科学问题的解决,增强重要信息表达。提交的地质图以实测资料为基础,突出地质实体表达、内容全面、信息丰富,地质报告简明扼要;对不能满足需求的地质图应进行更新,在充分分析利用已有资料基础上,补充野外调查。

(7)将绿色勘查和生态环境保护贯穿野外调查全过程,最大限度地避免或减轻野外地质调查工作对生态环境的影响。

2.2　我国区域地质调查历史及现状

我国近代地质科学活动始于19世纪下半叶,当时一些欧美地质学者在我国进行过路线踏勘调查。1912年,中华民国临时政府(南京临时政府)成立实业部矿务司,设地质科,由对创立祖国地质事业有卓越贡献的章鸿钊领导主持。该机构着眼于培养我国自己的地质人员,为我国地质工作事业开创起到了积极的作用。1916—1949年,随着地质机构的设立和地质人员数量的不断增长,我国的地质调查和研究逐步开展起来。较为正规的区域地质调查始于1916年,在北京西山,由叶良辅等人测制完成了《1∶5 万北京西山地形地质图》,后缩成了《1∶10 万北京西山地质图》,并于1920年出版了《北京西山地质志》。1928年,中央研究院地质研究所成立以后,老一辈地质学家赵亚曾、丁文江、黄汲清、王曰伦等先后出版了《宁镇山脉地质图》《1∶100 万江西地质图》《1∶25 万湘、黔、南岭地质图》《1∶25 万湖南长衡区地质图》《1∶20 万四川西康地质图》《1∶20 万四川省地质图》《1∶25 万广西南岭地质图》等。1936年,李四光首次对我国地质调查所积累的资料进行了全面的概括和总结。1945

年,黄汲清根据各地质时代的海陆分布、沉积厚度以及岩相变化、岩浆活动、褶皱、断裂和变质程度,划分出地壳活动地带(地槽)与稳定地带(地台)。

1952年,中华人民共和国地质部成立,我国将区域地质调查工作(简称区调)纳入了国民经济计划,在国家层面上组织编制完成了东部地区1:100万区域地质图及说明书工作。1955年,在新疆建立第一个中苏合作区调队(原称中苏合作区域地质测量大队),开展1:20万区调试点。1958年开始,我国分省(自治区、直辖市)组建了专业区调队,到1960年,全国建立了27个省(自治区、直辖市)专业区调队,大规模1:20万区调工作由此展开。20世纪80年代中期至90年代早期,地质矿产部把加强1:5万区调工作作为一项重要的战略措施,进一步明确了1:5万区调工作的方针、任务和工作部署,在全国范围内掀起了一阵1:5万区调工作的高潮。在此过程中,我国在区调工作中开始重视吸收国外先进的地质理论和新技术、新方法,并组织进行了少量探索性试验研究,先后开展了花岗岩、变质岩、沉积岩发育区的1:5万区调填图方法研究。

目前我国已完成了青藏高原和大兴安岭地区空白区填图,实现了全国陆域中比例尺区域地质调查全覆盖。基础地质综合研究取得一批重要成果,具体如下。

(1)1:25万区域地质大调查:围绕填补和更新一批基础地质图件,在1:20万区调成果基础上通过利用新技术、新方法,按照数字填图技术要求和工作方法,开展了多目标的综合调查、修测,更新了我国中比例尺基础地质图件。

(2)1:5万区域地质调查:在国家部分沿海重点经济区、中西部重要成矿带和重大工程建设区、重点城市及国家急需的重点地带完成了一批1:5万区域地质填图工作。截至2024年1月,累计已完成335.8万 km^2,覆盖全国国土面积的35%。

(3)其他成果:我国在城市立体地质调查、覆盖区地质填图、专题地质填图、区域重力调查、多目标生态地球化学调查、遥感地质调查、区域环境地质调查以及区域综合地质调查等方面均取得了重要的进展(周仁元等,2009)。

2.3 区域地质调查工作分类

区域地质调查工作的范围,一般按经纬度进行分幅,或按工作任务要求划分。按工作的详细程度,区域地质调查可分为小比例尺、中比例尺以及大比例尺。

1. 小比例尺区域地质调查

小比例尺区域地质调查又称概略地质填图,包括1:50万、1:100万地质填图。小比例尺区域地质调查主要是研究全球、洲际、全国等大范围内概略的地质情况,部署在地质调查的空白区或研究程度极低的地区,编制小比例尺地质图。路线间距分别约为5km和10km。目的是为区域地质普查、成矿远景区规划指明方向。我国已全面完成1:100万区域地质调查,并编制出全国1:400万或其他小比例尺的各类地质图件。

2. 中比例尺区域地质调查

中比例尺区域地质调查又称区域地质填图,包括1:10万、1:20万(1:25万)地质填图。中比例尺区域地质调查部署在小比例尺地质调查发现的有利成矿远景区。路线间距分别约为1km和2km。主要任务是比较详细地研究测区的地质构造,填制地质图,并运用物探、化探等手段进行找矿工作,同时对测区可能存在的全部矿产进行普查,查明矿产的分布规律,圈定有利成矿地段或详查区。

3. 大比例尺区域地质调查

大比例尺区域地质调查又称详细地质填图,包括1∶5万或大于1∶5万地质填图。大比例尺区域地质调查部署在已被圈定的成矿有利地段或已知成矿区外围,以及具有特殊地质构造意义的地区。路线间距为500m或更小。主要任务是除了查明测区地质构造并进行地质填图外,对能控制主要矿产形成和产出的地质构造单元均应给予更深入的研究并表示在地质图及矿产图上,对已发现的矿点、矿化点和矿床均应做出地质评价。

2.4　区域地质调查内容

区域地质调查本质上是运用地球科学的有关理论和技术方法,在比例尺尺度范围内真实、准确、客观地划分和圈定不同尺度的各类地质实体及组合关系,用科学、艺术的方法把调查研究的内容和认识表现在地质图件及说明书中。以《区域地质调查规范(1∶50 000)》(DZ/T 0475—2024)为标准,按研究对象不同主要分为沉积岩区、侵入岩区、火山岩区、变质岩区。

1. 沉积岩区

调查内容包括:①查明岩石地层单位的岩性、物质成分和地球化学特征、基本层序、化石内容、沉积特征、厚度、产状、形态、成因、含矿性、接触关系、时空分布变化;②正确建立地层层序,合理划分正式与非正式岩石地层单位,研究它们与生物地层单位、年代地层单位的关系,进行多重地层单位的划分和研究对比;③进行沉积环境、沉积作用以及沉积岩层形成和发展演化历史的研究;④详细填绘有特殊意义的沉积实体,包括岩性、岩相等,如蚀变层、特殊的化学沉积层(盐层、铁质壳层、结核层等)、风化壳、火山灰层、礁滩沉积、化石富集层、滑塌沉积、外来岩块等;⑤调查沉积岩对地理、地貌及自然资源特征与分布的制约概况。

填图单元:以图面可表达的岩石或岩石组合为填图单元,在此基础上归并,形成段、组、群等岩石地层单位。识别特殊地质体和标志层等作为正式或非正式填图单位。

2. 侵入岩区

调查内容:①查明侵入岩的矿物组成、岩石类型、结构构造、接触关系、空间分布及其变化规律,以"岩性+结构"作为基本标志划分侵入体;②查明不同类型侵入体的形态与规模,填绘侵入体平面展布形态,厘定岩体相带及其空间分布等特征,查明侵入体中捕虏体、残留体及深源岩石包体和脉岩特征;③查明不同类型侵入体形成的先后顺序和时代,特别是形成序次和空间展布规律,注意对成矿有利侵入体的划分和时代确定,调查不同类型侵入体与区域构造的切割关系,确定前构造、同构造、后构造侵入体;④开展岩石学、岩石地球化学、同位素地球化学、同位素年代学等研究,分析岩浆源区及岩石成因类型,区分花岗岩同源、异源(如岩浆混合)等类型,同源花岗岩应研究同化混染和结晶分异作用,岩浆混合花岗岩需研究混合端元及混合岩石特征;⑤分析不同岩石类型岩浆源区和岩浆作用过程,确定不同岩石类型之间的成因联系,建立区域构造岩浆演化旋回或序列;⑥调查侵入岩对地理、地貌及自然资源特征与分布的制约概况。

填图单元:以岩性(成分)、结构(粒度)相同的侵入体为填图单位,对不同类型的侵入岩均按"岩性+时代"进行表达。对不同变形强度岩体,可用叠加花纹进行图面分区标绘表达。有可靠年龄依据的,侵入岩时代表示到世,没有年龄依据的,依据地质体接触关系等推测到纪或代。条件成熟,应建立不同级别单位体系。按照不同侵入体的成因关系和岩浆系统,建立更高一级的组合单元。对同源岩浆成因和演化系统的侵入体群,可归并为单元、岩套和超岩套表达;对岩浆混合作用的侵入体群,根据岩性+混合标志和程度,确定填图单位,将岩浆混合端元岩性单位和混合形成的岩石单位归为岩套。依据复杂程度,建立亚岩套和超岩套不同级别单位体系。

3. 火山岩区

调查内容包括:①查明火山岩岩石的矿物成分、岩石化学和地球化学特征、岩石类型、结构构造、产状、厚度、接触关系、空间分布及其变化规律;②在研究划分火山岩和沉积夹层(注意寻找化石)的基础上,结合火山地层的结构类型,划分岩石地层单位和火山喷发旋回、火山喷发韵律,建立地层层序,确定火山喷发的时代;③依据岩石矿物特征和结构构造特征及火山地质体的产出形态与分布,划分火山岩相类别,研究各种火山岩相形成的地质环境;④查明与火山活动有关的构造特征,结合火山岩性、岩相资料,研究古火山机构,探讨火山作用与区域构造及成矿的关系;⑤调查火山岩对地理、地貌及自然资源特征与分布的制约概况,特别是分析火山岩相、火山构造对成矿的控制意义。

填图单元:以图面可表达的岩石或岩石组合作为填图单位,加强岩相表达。具有层状特征的喷出岩按照火山地层特征建立岩石地层单位。非层状的火山岩着重进行岩石组合关系和岩相的划分。识别与火山作用有关的特殊地质体和标志层,如沉积岩夹层、特殊火山岩相层(集块岩、火山角砾岩等)、放射状脉体、矿化层等,可作为非正式填图单位。

4. 变质岩区

调查内容包括:①浅变质的沉积岩和火山堆积岩原则上按沉积岩要求进行,注意研究变质变形作用的特征及其相互关系,浅变质的侵入岩类岩体可参照花岗岩类的内容和要求开展工作;②查明变质岩岩石的矿物成分、结构构造、岩石类型和主要变质岩的岩石化学、地球化学以及变形特征,恢复原岩;③查明不同岩石类型的空间分布以及它们之间的接触关系并建立序次关系;④查明变质变形作用特征类型,划分变质相带和相系,研究期次、时代及变质作用间的相互关系,探讨变质作用发生、发展的地质环境;⑤研究变质岩的原岩建造类型,探讨其形成的大地构造环境,以及变质作用和成矿作用的关系;⑥根据变质作用、变形作用的特征及其复杂程度以及岩石类型,划分构造地层单位、构造岩层单位、构造岩石单位,分别建立地层层序、变质岩层构造叠置序列,并研究其新老关系和岩石单位的热动力事件演化序列；⑦调查变质岩对地理、地貌及自然资源特征与分布的制约情况。

填图单元：低级变质的沉积岩、火山岩、侵入岩按照上述沉积岩区、火山岩区、侵入岩区划分填图单位。中—高级变质岩以可表达的岩石或岩石组合为基本填图单位。对特殊变质岩（榴辉岩、蓝片岩、麻粒岩、高压麻粒岩及超高温变质岩等）、特殊标志层可作为非正式填图单位放大在图面表达。

5. 第四纪地质区

调查内容：①调查不同地质地貌类型的物质组成，各种地貌形态要素和组合地貌的相互关系，分析第四纪沉积物成分、成因类型与地貌及环境变化的关系；②调查第四纪沉积物岩性、厚度、成因类型、接触关系和空间分布，确定覆盖层填图单位，研究其地层层序、地质特征与变化规律；③调查特殊岩性夹层，如古生物化石富集层、化学沉积层、古土壤层、泥炭层、砾石层等，研究其地质特征与环境变化意义，确定地层对比标志层；④调查古人类文化层及古人类遗址，探讨其地质背景与环境变化；⑤确定地层地质时代，分析岩性、岩相、古生物、古气候等特征，了解古风化壳特征与类型，开展多重地层划分对比；⑥调查与新构造运动有关的地貌、水系和沉积物特征，查明新构造的几何学、运动学特征，探讨其动力学特征与机制，研究新构造运动与地质灾害关系；⑦调查活动断裂的时空分布、规模、产状、性质、活动性等基本特征，查明活动断裂的活动时代和活动期次、古地震活动特征及其对松散沉积物的控制，在查明活动断裂地质特征的基础上开展区域地壳稳定性评价；⑧调查具有观赏价值和重要科学意义的地质遗迹与地貌景观、第四纪冰川活动特征，分析总结人类地质作用对现代地质作用过程的影响，研究保护与开发对策；⑨在重要经济区和不同类型生态环境区，重点加强第四纪地层序列、地质结构、活动构造特征、地质环境演变以及人类地质作用综合调查研究，分析地表作用对自然资源和生态环境的制约因素和演化趋势；⑩在重要盆地区，重点加强盆地第四系充填序列、地层结构及深部地质构造格架调查研究，查明赋存盐类、铀、砂金、油气、地下水等资源的地质体的产状和分布特征，在覆盖区，重点进行覆盖层、隐伏基岩地质构造特征及其成矿地质背景调查研究，加强隐伏基岩顶面地球化学特征与第四系地表水系及沉积物的对比研究。

填图单元：一般以松散沉积物岩性或岩性组合为基本填图单位，并划分成因类型，对于分布面积广、岩性稳定、具有区域对比意义的地层，划分至组级填图单位。对具有特殊意义的地质体，可划分非正式填图单位，视情况可归并表达为成因类型、岩相、年代地层等。地层时代依据地层古生物群组合特征、地层测年数据、地层磁性的极性时与极性亚时划分对比综合确定。

2.5 区域地质调查主要工作流程

以 1∶5 万区域地质调查工作为例，区域地质调查工作流程主要包括资料收集、野外踏勘、设计编写、野外调查、资料整理、报告编写、图件编制、数据库建设、空间数据库建设、成果验收、资料归档与汇交等程序（图 2-1）。下面对其中关键程序进行说明。

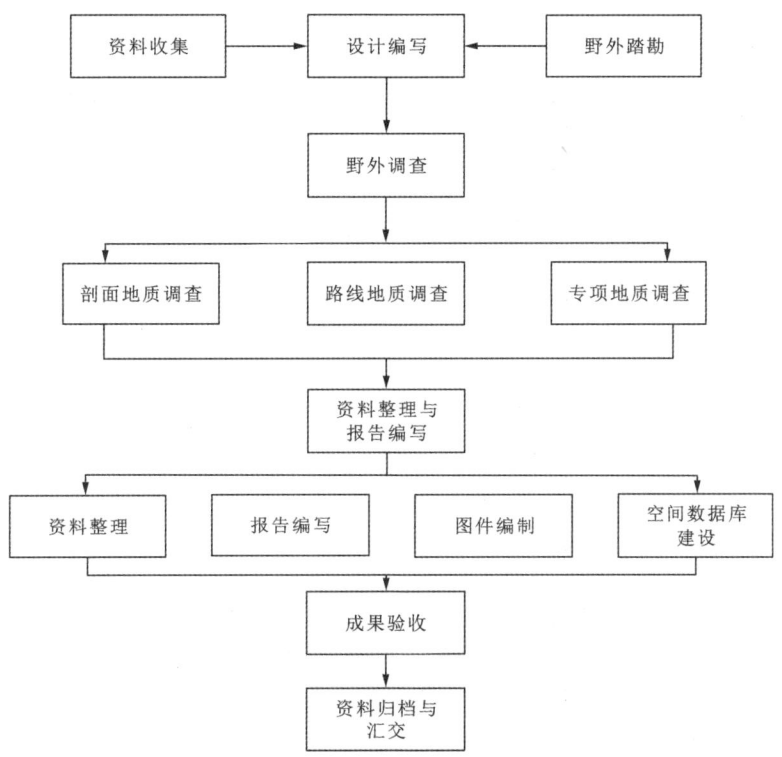

图 2-1　区域地质调查主要工作流程图

1. 资料收集

收集工作区已有的各类文件资料以及实物资料。文件资料包括各类数字地形资料,前人地质矿产等资料收集与分析,前人的工作成果,调查区已有科研报告、专著、研究论文等,前人采集的样品以及测试成果,地质物探、化探、遥感资料,综合分析各类异常,以及调查区有关人文、地理、气候、交通等方面资料。特别要搜集地形底图资料,应以符合精度要求的 1:2.5 万地形图为底图。实物资料准备包括挎包、讲义夹、相机、手持 GPS、罗盘、放大镜、地质锤、三角板、量角器、计算器、文具盒、钢卷尺、符号笔、棉纸、样品袋、基点木(竹)桩以及各类填图用表格。

2. 野外踏勘

野外踏勘必须在设计书编写前完成,为编写提供第一手资料。选择不同类型地质体分布区并结合自然地理区进行路线踏勘。踏勘路线应以穿越地质体最多、地质构造复杂的路线为主,每幅图必须有一条贯穿全图幅的踏勘路线,同时应采集一些必要的岩矿样品进行鉴定和测试分析。选择代表性强、出露齐全、层序清楚的地区进行地层剖面测制,初步建立填图单位。在踏勘过程中,对区内有关人文、地理、气候、交通等方面进行适当了解,为野外工作条件提供必要的背景资料。通过踏勘,在分析研究现有资料的基础上,初步建立测区的区域构造格架、各类地质体的填图单位和遥感解译标志。

3. 设计编写

设计书内容主要包括：目的任务，研究现状，存在的主要基础地质、矿产和环境地质等问题，地质地理概貌，填图单位初步划分，基础地质、矿产和环境地质调查内容，精度要求，填图方法，技术路线，队伍组织，实施步骤，质量管理，预期成果和经费预算等，并附调查区地质草图、工作程度图及工作部署图等图件。设计书内容要齐全，文字应简明扼要。

4. 野外调查

野外调查主要包括实测地质剖面以及地质填图工作。前者应完成实测前的准备工作、剖面的野外实测、剖面的室内整理研究，其目的是划分出填图单位等；后者应完成观测路线（点）的布置、标定、观察与描述，填绘地质图，进行矿产调查等。

5. 资料整理

一般要求在当天完成对地质填图取得的文、图、表、实物等资料的整理。主要整理工作包括：文、图、实物校对，地质观察点记录表整理，手图整理，实际材料图编制等。整理文字记录、手图、实物、登记表等资料时，应核实点号、岩性层位代号、标本及样品编号、位置及各种数据，确认无误后再分别进行整理。如果发现问题，必须到野外核实，方能补充、修正。检查地质观察点记录表中填写的内容是否齐全，文字是否通顺，有无错漏字，专业用语是否准确，完善素描图并对各类数据和素描图上墨。

6. 报告编写

报告编写应在各种资料综合整理的基础上进行，客观反映图幅总体地质特征，突出解决关键地质问题，揭示自然资源生成、赋存、分布和生态环境变迁的基础地质背景。报告应重点突出、层次清晰、真实精炼、图文并茂、各章节相互统一协调，着重突出调查所取得的实际资料及认识与成果，报告所附插图要图面美观、图例等图件要素齐全。

7. 数据库建设

数据库建设主要包括：①原始资料数据库，包括预研究、野外路线地质调查、剖面测量、揭露工程、地球物理调查、地球化学调查、样品测试和实际材料图等数据；②成果数据库，包括成果图件和区域地质图报告。按有关地质图空间数据库标准进行数据库建设，并在成果验收之前提交项目管理单位进行数据库验收。

8. 成果验收与资料归档

该阶段应完成区内地质报告及地质图说明书撰写、最终成果验收和出版归档等。地质图、矿产图（成矿预测图）和相关空间数据库、区域地质、区域矿产调查报告必须按最终成果评审意见进行全面检查和修改，按国家资料归档的有关标准和规范进行归档。

2.6 区域地质调查方法

2.6.1 遥感地质解译

运用遥感影像的宏观性、连续性和多光谱优势，对区域构造样式、地层分布、岩石类型、矿化蚀变、地形地貌和地质环境等信息进行提取，增强调查的预见性和针对性，提高调查精度和效率。对于解译标志清晰、解译效果好的地区，在野外地质验证基础上可用遥感地质解译路线替代地质观测路线。

根据工作需要，收集多时相、多传感器、高分辨率（空间分辨率和光谱分辨率）的遥感数据，进行预处理、数据融合与信息提取。野外调查前，应结合数字高程模型制作区域遥感影像图，匹配到数字（智能）区域地质调查系统中，作为工作的基础背景图层。利用多光谱数据结合信息增强、识别和提取技术，开展区域构造格架、岩性、断裂褶皱、地质填图单元的解译。鼓励利用高光谱数据探索开展遥感岩石矿物识别、岩石类型和岩石组合划分。遥感解译结果应在踏勘和野外调查过程中不断验证与修正。

2.6.2 地质路线观测

1. 填图路线的布置

填图路线布置是否合理将直接影响区域地质调查最终成果的质量，要求填图路线必须全面控制工作区所有地质体和重要构造形迹群及空间展布形态。在工作中运用主干路线和辅助路线相结合的方式来开展区调工作，主干路线要求布置在露头好的地段并形成路线格架，穿越工作区主要地质构造；辅助路线是对主干路线填图控制不够的地段补充路线。布置填图路线的方法主要包括穿越法与追索法。

穿越法是将观测路线布置在与主要地质界线或主要构造线走向垂直或大致垂直方向上的一种方法。穿越法优点是能较快地查明地层层序、接触关系、岩相的纵向变化以及地质构造或矿产等情况，缺点是路线间的小型地质体易被遗漏，地层岩相、厚度及地质构造的横向变化不易了解。

追索法是用于追索一些重要地质现象的方法，如标志层、含矿层以及重要构造等。其优点是能较准确地勾绘地质界线，易查明地质体沿走向变化的情况，对确定各类接触关系、断层规模和矿化特征有效，缺点是工作量大，且不易查明地层、构造在其垂直走向上的变化。

为全面控制调查区所有地质体、矿化体和主要构造形迹的空间展布形态及其分布规律，以垂直区域构造线方向的穿越路线为主，适当辅以追索路线开展野外地质路线调查。路线控制程度应以能较准确地圈定地质构造、地质体和矿化带形态为原则，不要机械地按网格布置路线。具体布设要求如下：①穿越路线要尽量控制地质体、矿化体及其之间的重要接触关系或重要构造部位；②当岩性岩相变化较大，地质体、矿化体走向延伸关系不清，或为了解某些重要接触关系、矿化带边界的空间延伸情况等特征时，可布置追索路线，在关键地段、重要地质界线处可根据解决问题的需要安排钻探进行揭露。

2. 观测点的布置与标定

在地质填图中要将观测点布置在路线上的重要地段。必须对观测点用各项地质内容进行全方位的观测与记录，掌图人员将观测点位置标定在地形图（手图）上。

观测点的密度取决于不同比例尺地质填图的精度要求。如1:25万区域地质大调查要求，凡是重要的地质界线和矿化（或蚀变）地段，均应有观测点控制；对第四系及新近系、古近系大面积分布区中前新生代基岩构成的露头,无论其出露范围多小,一定要确定观测点进行描述;对第四系各类成因的沉积物,凡是宽度在200m以上或面积大于2km²都要确定观测点进行观察描述;对类型特殊或有重要矿产的沉积物,不论其范围多小,也应定点详细观察描述。在1:5万地质填图中,点距的确定也是以控制地质界线或地质体为原则。一般地,在基岩出露区的点距为300~500m,最大不超过800m。重要地质界线和地质体等填图单位或非填图单位都必须有一个观察点控制,在第四系广布区点距可放宽至1000~1500m。

野外地质填图中,应将观测点以直径为1.5mm的圆圈标定点位置,注以点号。对一些重要观测点(不整合、构造点、矿点及矿化点等),在野外还应用油漆将观测点号注明于露头或标桩上。野外标定观测点可采用GPS全球定位系统、目估法、后方交会法以及仪器法等。

2.6.3 实测地质剖面

1. 实测地质剖面目的及剖面选择

地质剖面又称地质断面,是沿某一方向显示地表或一定深度内地质构造情况的实际(或推断)切面。实测地质剖面是通过使用各种仪器和工具(如经纬仪、罗盘、测斜仪、测绳、皮尺等),通过实地测绘真实地描述客观地质体和地质现象,并绘制地质剖面图,是一项重要的基础地质研究工作。其目的是确定不同地质体的岩石组合、结构构造,查明各填图单位之间接触关系、空间展布及其组合、形成顺序,建立构造格架,为填图单元划分与完善、基础地质问题解决奠定基础,提高对地质体形成时代、形成环境属性的认知。

地质测量工作中,在通过实测剖面系统掌握测区内上述资料的基础上,详细而准确地划分地层、确定填图单位、明确分层标志,可为开展区域地质调查奠定基础。在踏勘测区的基础上,选择几条典型的剖面进行实测和研究,是地质测量工作的重要内容。为了使剖面实测顺利而有效地进行,首先要选择合适的剖面线位置。选择实测剖面线有以下几点要求。

(1)剖面线要通过区内所有地层,即在剖面线最短的情况下尽可能地通过越齐全的地层。剖面线应尽可能垂直于岩层走向。如果一条剖面线不能涵盖所有地层,这时可分几个剖面进行测量,然后综合成一条连续剖面。

(2)剖面尽量结构简单,应选择以解决地层问题为目的的剖面,剖面尽可能不受断层、褶皱及岩体干扰;如果以解决构造问题为主,所选剖面应反映测区的主要构造特征,剖面线要垂直主要的褶皱轴线和断层走向。

(3)剖面线经过地段露头要好,尽可能选择化石丰富的露头,有助于确定地层年代、沉积环境等;所测地层单位的顶底面出露好,有助于清楚查明接触关系。

(4)剖面通视,穿越条件好,避开障碍物,减少平移,尽可能选择连续山脊或沟谷,为使制图整理方便,剖面线尽量取直,避免拐折太多。

(5)根据对剖面研究的精度要求,确定剖面比例尺。如果要求将出露1m宽的岩性单位划分并表示出来,就应选取1:1000的比例尺绘制;如果要求将出露2m宽的岩性单位划分并表示出来,则应选取1:2000的比例尺绘制等。原则上,在图上能表示1mm宽度的岩性单位都要划分出来,而有特殊意义的矿层、标志层等,即使在图上表示不足1mm,也应放大至1mm夸大表示。

2. 实测剖面的野外工作

剖面测量方法有直线法和导线法。如果剖面较短、地形简单,利用直线法便于整理;如果剖面较长、地形变化较复杂,一般采用导线法。野外工作包括:地形及导线测量、岩性分层、岩层产状测量、观察描述、填写记录表格、绘制野外草图、采集标本及取样等。一般需要3~5人,最好5~7人(包括前测手、后测手、分层员、记录员和采样员等)。他们可共同测制一条剖面,分工合作,互相配合。相关数据计入第5章表5-1的1~9项表格中。主要实测工作内容包括以下几个方面。

(1)测量导线方位、导线斜距及地形坡度角:此项工作由前测手、后测手来完成。一般用50m、100m长的测绳,后测手持0m端,前测手持另一端。测量开始时,后测手站定剖面起点,前测手向剖面终点方向前进,待到地形起伏变化处则停止。两人将测绳拉直,前测手向记录员报告导线斜距。前测手应当注意寻找地形恰当的位置作为导线终点,前测手、后测手共同测量导线方位(导线的前进方向)和地形坡度角。导线方位前测手、后测手测量误差小于3°,取其平均值记入记录表格中。地形坡度的测量工具是罗盘测斜仪,前测手、后测手分别瞄准对方相同高度部位,多测几次,前后校正,开始读数。以后测手测量结果为准,仰角为"+",俯角为"-",记录员将结果记入表格中。

(2)观察、描述及分层:观察、描述及分层(1~2人)是实测剖面的中心工作,一般都由工作细心、经验丰富的人员承担。分层是指根据岩石的岩性、颜色、成分、结构、构造上的差异性特征,按照比例尺的精度要求划分出不同的岩石单位,在分层处做好标记(如插上小红旗等),并且将分层的位置在导线上读出。分层员要及时向记录员报告分层位置、层号及岩性定名,重要的地质现象要绘制素描图或照相。

(3)标本和样品的采集及编号:采样员原则上对所分层岩层应逐层取样,其中包括地层标本、古生物化石标本、岩石薄片标本、矿石光片标本、岩石化学分析样品、人工重砂样、同位素年龄样、古地磁样等。对重点层位要加密采样。根据地质测量规范的要求而确定取样项目。标本及样品系统编号不准重复,编号一般包括剖面代号、层号、标本及样品类型(如薄片标本、化学分析样等)、标本的序号等。注意:①一定要在真正露头上采集样品及标本,不能用转石代替;②取样位置要准确,在测绳上读准斜距,记入表格;③标本与样品一定要取新鲜岩石,规格视需要而定,一般情况下标本规格为3cm×6cm×9cm。

(4)填写记录表格:实测剖面需要填写在野外填记专用的记录表格中。表格内除各项水平距、高差、累积高差、产状视倾角、分层厚度等待室内整理,经计算或查有关表格填入外,其余各项均应在野外准确无误填写。导线号要写导线起始点的位置编号,如第一条导线为0~1,第二条为1~2。导线方位角是后测手所测定的导线前进的方位,注意不要把方位记反。各项地质内容的记录都要与分层号相对应,如斜距起止点是指所分这一层在该导线测绳范围内的具体起止数字。地形坡度角要以后测手测试结果为准,倾角为"+"或"-"。其他各项要准确填写,不得遗漏,记录员要及时向各工作人员询问所测数据及记录内容,分层员得知记录员已将表格填写无误后,方可指挥测手移动测绳,记录员应起到监督作用,保证数据质量。

(5)草图绘制:在实测剖面时,应现场绘制草图,包括平面图和剖面图,以便在室内整理时参考。第一部分是野外平面图的绘制,首先大体确定剖面的总方位,以图纸上的横线作为该剖面的总方位线,在图纸的上方标明"北"的方向。在图纸上确定剖面的起始位置,在图纸上剖面起点处沿导线方位角做一射线,在该射线上截取导线水平距。将导线起止点标好序号,按照导线顺序一一做出。在各导线上,按照分层水平距截取各分层位置,每个分层段内要标好分层号。在适当位置标记产状符号、古生物化石采集部位等。第二部分是剖面草图的绘制,在平面图下方的适当位置绘制野外剖面草图。此时图纸上的横线即为水平线,竖线则为标高,确定剖面的起点后,按照地形坡度角由起点做一射线,在其上按作图比例尺截取第一条导线的斜距;依此,在第一条导线的终点根据地形坡度角及斜距画出第二条导线,依此类推就可以得到剖面方向上的地表地形线。在该线上截取各分层斜距,将其分层位置标明,按照实际产状在剖面地形线下方依次绘制岩性花纹符号,标明产状及地层时代。

3. 实测剖面室内整理与成图

实测剖面的室内整理是一项很重要、很细致的工作,主要包括:①野外所取得资料、数据及标本的系统整理;②清绘平面图及剖面图;③计算分层厚度;④在以上基础上编绘地层柱状图。

(1)野外原始资料整理:小组成员一起核对野外记录、实测草图、岩石标本、岩性描述记录等,使各项资料完整、准确、一致,如果出现遗漏和错误,立即设法补充和更正。整理时要鉴定化石、岩石及矿石标本,校核野外定名,确定地层时代,及时送出各类样品进行测试等。在整理开始时,首先应将第5章表5-1内空白10～25项经计算或查表后填全。

(2)平面图和剖面图清绘:根据野外草图和记录,最终清绘出正规的平面图和剖面图(图2-2)。

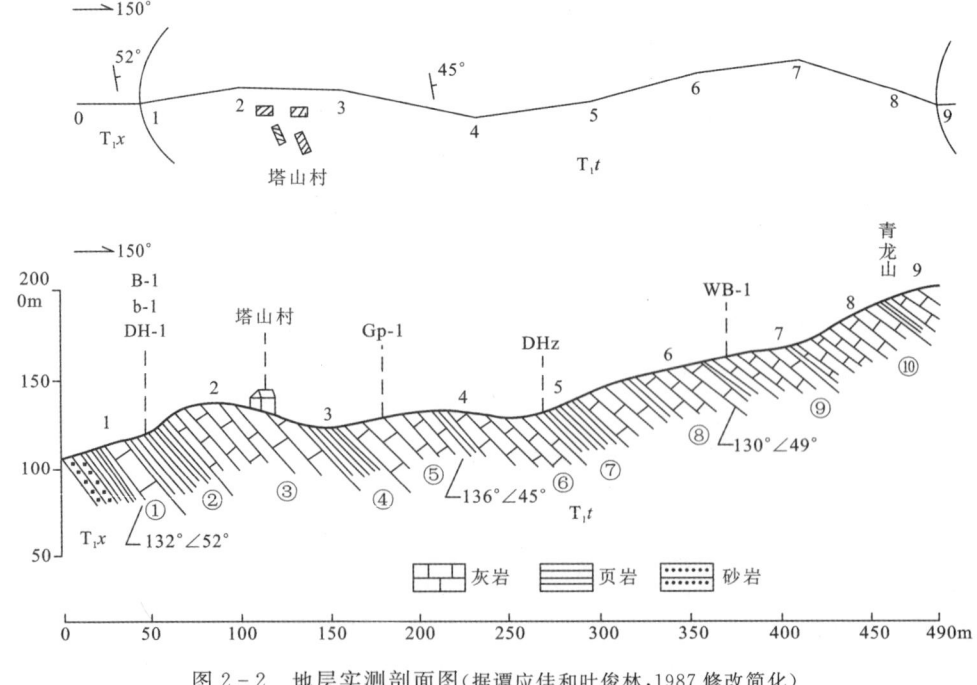

图2-2 地层实测剖面图(据谭应佳和叶俊林,1987修改简化)

导线平面图绘制主要包括以下步骤：首先，求得合理的剖面线方位，一般选择剖面起点和终点的连线方位作为剖面的方位，如果这时所有的导线都在该方位的两侧，没有较大偏离，则最理想；其次，以图纸上的横线为剖面方位线，据此将图纸定好方向，绘好图纸上北（N）向方向指标；再次，在累积视平距起点开始，按照每根导线的斜平距和方位角，做出导线平面图，即空间立体导线投影到水平面上的分布；最后，在导线平面图的基础上添加其他要素，包括地质点和地质界线、分层界线、地层产状、标本号、地质点号、层号、组的代号、地名地物点等内容。

绘制剖面图的方法与绘制野外草图不同，是采用由已经画好的平面图向下投影的方法，剖面的起点要一致，每根导线的起、终点都按照图纸的竖线向下投好位置。首先，绘制地形剖面图，以剖面投影基线为准，将导线平面图上的导线点位置投影到总导线方位上，按投影高差或计算的高程截取各高程点，参照实际地形，连接各高程点绘制地形剖面图；然后，绘制岩层的分层界线点，将平面图上相应的点直接投影到地形线上，根据岩层的产状及规定的岩性花纹符号画出岩层层面线；最后，标注要素与整饰图面，在下方标出一定数量的产状要素及地层时代，剖面图上的标注要素要与导线平面图要素一致，标好图名及比例尺。

2.6.4 地球物理调查

地球物理调查要基本查明调查区的地球物理特征，推断、解释各种异常，结合工程资料和地质模型，对覆盖层或隐伏基岩地质、构造特征进行定性和定量的解释，了解重要地质体和构造边界的深部延伸特征及关键地质体的深部形态。

充分收集、处理、分析已有地球物理调查资料和有关的地球物理剖面等资料，并根据目标地质体和区域岩石物性特征，选择有效且可行的地球物理方法开展野外调查。在野外调查和综合研究的基础上，进行精细处理和联合反演，圈定地质体边界、推断地质体的深部延伸、基岩面起伏和构造的空间展布特征，为编制地质图提供深部地球物理依据。在基岩埋深较大的覆盖区，利用地球物理资料、结合钻孔资料，确定基岩深度。

2.6.5 地球化学调查

地球化学调查要分析岩石、土壤、水系沉积物中化学元素迁移、分布、富集的规律及其与基岩、构造、矿化和生态环境之间的关系，为揭示区域地质体物质特征和地表作用过程研究提供地球化学依据。

主要根据不同的地质任务、调查区地理地貌景观条件、覆盖情况及覆盖层发育特点和前人工作程度，参照前人在调查区开展的方法试验，视情况选择适用的化探方法开展地球化学调查和不同比例尺的地球化学剖面测量。在基岩出露或残坡积物分布地区，水系发育的地球化学调查以水系沉积物测量为主，水系不发育的以土壤测量为主。在准平原、盆地周边、山前地带等野外工作方法不成熟的特殊景观地区，鼓励选用新方法、新技术开展地球化学调查示范。在工作方法尚不成熟的特殊景观区应开展方法试验，证实方法有效之后再开展面积性调查。鼓励探索采用新方法、新技术开展深部物质组成架构示踪调查。

2.6.6 工程调查

工程调查可通过工程揭露揭示覆盖层及基岩的地质构造特征等,验证物探推断解释成果,追踪和圈定地质体的重要接触关系、厚度变化和空间分布特征。活动构造区可重点确定活动断裂性质、活动期次及古地震活动周期等特征。

在充分利用自然露头和人工露头基础上,根据不同填图目标部署槽探、浅井、浅钻和钻探等揭露工程。揭露工程应与地球物理调查工作相结合,形成"地球物理-钻孔揭露-地质测量"的联合剖面,对重要地质边界视情况可适量部署浅钻、钻探等进行追索与验证。基岩区槽探与钻探以揭露或验证重要地质体深部延伸为目的。覆盖区浅钻、钻探工作部署以揭露和验证第四系覆盖层的物质组成、地质结构、地层层序和地层划分为主。根据覆盖区实际情况和工作需求,兼顾下伏前第四系基岩类型及重要边界的揭露和验证。在工程揭露施工中,注意生态环境保护。

2.7 成果编制与提交

2.7.1 综合研究

按野外验收意见,补充完成野外调查工作后,区域地质调查工作转入室内资料整理与综合研究阶段。全面整理各种岩石、矿石、矿物、化石、构造及其他标本;整理分析样品分析测试报告,对测试数据进行处理和计算;根据综合研究及分析结果,修改、绘制综合性图件和成果图、报告插图、插表等;根据野外资料,结合古生物鉴定和同位素年龄测定结果,确定地层及岩浆岩的时代、序列,建立地层格架;对各种构造现象进行分析、研究,建立调查区变形序列、主构造期的构造组合和构造格架;在对所有资料全面综合整理、研究的基础上,确定区域地质调查报告的主要内容。

2.7.2 图件编制

室内资料整理与综合研究完成后编制成果地质图,成果地质图件一般按国际标准图幅分幅编制,非国际标准分幅地质图按设计要求编制。以1∶5万地质图图件编制为例,具体要求如下。

(1)地质图底图采用满足精度要求的1∶5万地形图,公开发布或出版的成果图可采用非涉密的地形图或影像图。

(2)地质图的编制在实际材料图数据库的基础上进行,图式、图例、符号、用色原则按照相关规范要求,图面表达内容必须客观真实。

(3)地质图图面上要表达直径大于100m的闭合地质体、宽度大于50m且长度大于100m的线状地质体、长度大于250m的断层与褶皱。基岩区内面积小于$1km^2$和沟谷中宽度小于100m的第四系,一般不予表示。对分布面积过小,但具有重要意义的特殊地质体,可用线元、点元或适度夸大手段表示。

(4)地质图图框外布置图例、地层综合柱状图、岩浆岩序列图、图切剖面、图幅简要说明、接图表、填图人员及单位,可附其他反映图幅区域地质特点和重要研究成果的图、表。

(5)图切剖面应选在反映区域地质构造最为系统完整且地质现象最为丰富、最有代表性的部位,地层综合柱状图要充分反映基本填图单位并合理归并。

2.7.3 报告编写

区调报告编写不仅要对野外不同阶段各项地质工作及区域地质特征规律性认识进行全面总结,也要对野外观测、室内测试的各种地质资料按逻辑有条理、系统、客观地反映研究区基本地质特征,并且在理论上要分析探讨研究区地质历史发展演化过程的综合性工作。这些工作内容也是开展普查找矿和部署其他地质工作的基础。报告编写必须在各种资料综合整理的基础上进行,突出解决关键地质问题,揭示自然资源生成、赋存、分布和生态环境变迁的基础地质背景。区调报告应具有客观性、科学性和实用性等特点,内容要突出新理论、新方法、新成果、新认识,形式要标准化、数据化、表格化,要根据目的任务、测区地质特征、重大地质问题、突破性的进展和认识,灵活安排章节,报告中尽量不要重复出现前人的资料和成果。报告编写应重点突出、层次清晰、真实精炼、图文并茂,各章节相互统一协调,着重突出调查所取得的实际资料及认识与成果,报告所附插图要做到图面美观、图例等图件要素齐全。

地质报告的各章节内容为:①绪言,简述任务书文号及目的任务、项目编号、调查区范围、面积、工作起始时间等;②主要填图单位及地质体特征,描述主要填图单位及地质体的空间分布、组成、变形、接触关系等基本地质特征,简要阐述地质体时代、构造属性等;③地质构造特征与区域地质演化,归纳总结各构造单元沉积作用、岩浆活动、变质作用和构造变形特征等,建立地质作用演化序列;④自然资源及其地质背景,概述区内主要矿产资源、能源资源或者生态资源分布的基本概况及其地质背景;⑤数据库,数字调查系统形成的地质图图件及质量评述;⑥结语,取得的重要地质成果及主要结论,存在问题及工作建议;⑦附录,配套的有关成果图件、报告等。

2.7.4 数据库建设与成果提交

数据库建设主要包括原始资料数据库以及成果数据库建设。原始资料数据库包括预研究、野外路线地质调查、剖面测量、揭露工程、地球物理调查、地球化学调查、样品测试和实际材料图等数据;成果数据库包括成果图件和区域地质图报告。完成成果评审验收后,必须提交原始资料数据库和实际材料图(纸介质)、地质图、区域地质调查报告(纸介质与电子文件)及数据库。

2.8 区域地质调查发展趋势

地质调查面临新的发展机遇和挑战,世界主要国家地质调查机构相继发布新一轮发展战略,积极推动地质调查以实现更高水平的创新和发展(郑人瑞等,2019)。地质调查发展趋势包括6个方面。

(1) 地质调查工作普遍面临着转型升级的巨大挑战：地质调查工作的性质和内容正在经历深刻变化，从以往开展大范围地质填图以获得对陆地、海洋地质状况的基本认识，发展为更加强调专题性填图、基础地质研究及系统性地质解决方案和应用提供，构建新一代区域地质调查规范和技术方法体系。

(2) 技术革新和信息化深度融合：在"云计算""大数据""人工智能"等新一代信息技术支撑下，将数据采集、传输、集成、综合处理等技术过程贯穿于预研究、野外数据采集和成果分析整理整个过程的技术方法体系，无人机遥感、三维激光扫描、地下空间探测等技术的普及将显著提升勘查效率和精度，将深刻改变地质调查的发展方式。深化地球科学大数据应用，发挥数字战略的引领作用，构建地质调查智能空间，实现智能地质调查，已经成为各国地质调查未来发展的重要方向。

(3) 推动人地关系协调成为地质调查工作的重要内容。强化人地关系研究、支撑可持续发展已成为各国国家地调机构共同的发展目标。当前，探究人类活动对自然资源、环境和生态系统的影响以及人地相互作用的发展规律，推动人地关系和谐发展，成为新的研究焦点。

(4) 多要素监测网络体系建设正成为地质调查实现高水平发展的基础条件。经历了传统地质调查、数字化与三维立体填图等发展阶段，当前地质调查工作方式正向地质数据实时监测、地质过程建模预测等方向发展。多要素、实时监测体系的构建有利于提高调查、监测和实验能力，监测体系成为地质调查工作必不可少的基础工作手段。

(5) 地质调查填图更加强调需求、问题和应用导向。地质填图从过去主要服务于找矿转向支撑服务重大地球科学问题的解决，又转向更加强调专题性填图和综合性研究，因此填图方式、手段和应用也将更加现代化。除矿产和能源勘查外，行业将更多涉及地质灾害防治、城市地下空间开发、环境地质监测等领域。

(6) 地质调查走向区域化、全球化发展的步伐明显加快。地球科学领域的全球信息共享、跨国合作及综合性解决方案对于应对这些挑战至关重要，从根本上推动了欧盟、非洲、东南亚、美洲等地区先后建立起区域性地质调查合作组织，同时也使得地球科学领域国际大科学计划的受关注度和影响力不断提升。

复习思考题

(1) 简述区域地质调查的目的、任务与要求。
(2) 试述区域地质调查的特点及分类有哪些。
(3) 简述区域地质调查路线布置的一般技术要求。
(4) 简述区域地质调查的一般程序。
(5) 试述沉积岩区、岩浆岩区以及变质岩区1∶5万地质填图主要研究内容。
(6) 试述地质报告编写的提纲与内容。

3　PRB数据模型

地质学家在野外地质调查时将实际观测结果分为地质对象的空间表达要素(点、线、面等)和地质对象的描述性属性信息,并记录在纸介质地形图和野簿上。数字地质调查技术利用计算机技术对野外数据采集过程进行分解、模拟和重塑,以实现野外数据采集(图3-1)。PRB数据模型就是利用地质点(P)、地质分段路线(R)和点间界线(B)3种要素将野外数据采集过程进行组合,实现野外地质对象机器属性的采集。PRB数据模型解决了国际上在地质调查中计算机野外数据采集难以全程化和无法满足不同学科学者对野外数据采集的需求问题(李超岭等,2016)。

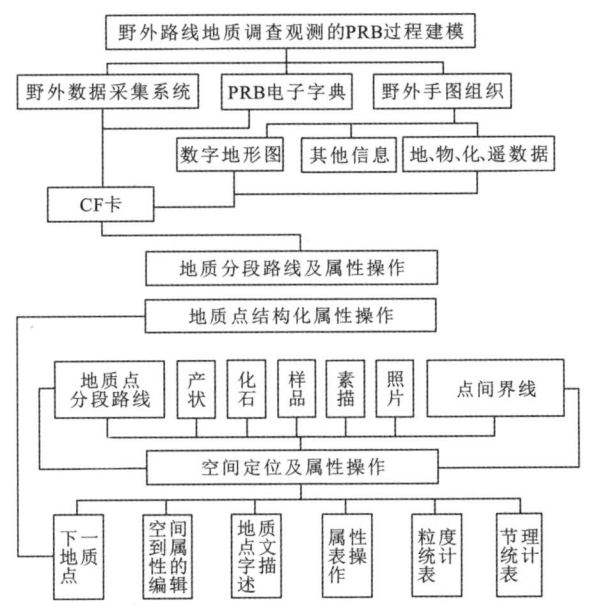

图3-1　野外路线地质调查观测的PRB过程建模(据李超岭等,2003)

3.1　PRB数据模型概论

PRB数字填图技术是用地质点(point)、地质分段路线(routing)、全链或几何拓扑环-点和点间界线(boundary)的数据模型和组织方式,对野外路线观测的对象及过程的描述进行定义、分类、聚合和归纳,分层并以结构化与非结构化相结合的方式储存在空间数据库中,将地质填图过程变为数字PRB过程。PRB数字模型的结构定义如下(李超岭等,2003)。

1. 地质点 P 过程

地质点 P 过程是指对野外路线所经过的地质界线等进行地质观测点控制的过程。采用导航定位系统,对地质点进行定位。当导航定位信息与实际地质点位置不吻合时,应结合微地貌进行校正,确定地质点点位,录入点号、点位、点性、露头、岩性及接触关系等数据信息;按照《区域地质调查总则(1∶50 000)》(DZ/T 0001—1991)规定的重要地质界线和地质体的观察方法,对地质点的地质现象进行观察描述;量取产状,采集必要的样品,对典型地质现象进行摄影、摄像,并进行地质素描。地质点观察数据采集操作完成后,及时保存数据。

P 过程:

P[描述属性]{图幅编号,路线号,地质点号,经度,纬度,高程,纵坐标,横坐标,地理位置,露头性质,点性,微地貌,风化程度,岩性 A,岩性 B,岩性 C,岩性代码 A,岩性代码 B,岩性代码 C,地层单位 A,地层单位 B,地层单位 C,接触关系 AB,接触关系 BC,接触关系 AC,描述,国标码,日期,地质点描述文件名(自由文本格式)}。

P[空间位置](GIS 图层)。

2. 分段路线 R 过程

分段路线 R 过程是对两个地质观测点之间的实际分段路线进行描述记录的控制过程。两个地质点之间沿途路线的观察过程,根据岩性或岩性组合、结构构造、矿化蚀变等的变化情况,可分为一个或多个 R 过程。每个 R 过程应根据实际路线轨迹,并综合导航定位信息和地形图进行绘制。R 过程绘制完成后,应详细观察记录路线地质变化情况,并采集必要的样品,记录产状等,对典型地质现象进行摄影、摄像和地质素描。两个地质点间第一个 R 过程记录的起始编号为 1,顺序依次为 1、2、…、n,直至下一个新地质点编号重新起始。两个地质点间的 R 过程记录应连续,沿途观察记录数据不能有间断或空缺。

R 过程:

R[描述属性]{路线号,地质点号,点间编号,填图单位,日期,分段路线距离,点间累计距离,路线方向,备注,分段路线描述文件名(自由文本格式)}。

R[空间位置](GIS 图层)。

3. 点间界线 B 过程

点间界线 B 过程依赖于 R 过程,它是对两段 R 之间的界线进行分段描述的过程。地质界线应根据野外实际情况,并依据"V"字形法则等如实勾绘在数字野外手图上。绘制完成后,应准确记录两侧地质体之间的接触关系、界线性质、两侧岩性等属性内容,并对界线特征及其两侧地质体进行描述。所有的线性断裂构造均按 B 过程规则进行描述;地质体不能用一个 B 过程进行圈闭,如脉岩的圈闭应为两端相交的两个 B 过程。地质点上第一个 B 过程记录编号为 0,其后点间路线 B 过程应连续编号,顺序依次为 1、2、…、n,直至下一个新地质点编号重新起始。

B 过程:

B[描述属性]{图幅编号,路线号,地质点号,B 编号,R 编号,纵坐标,横坐标,高程,经度,纬度,右边地质体,左边地质体,界线类型,走向,倾向,倾角,接触关系,国标码,备注,日期,点间界线描述文件名(自由文本格式)}。

B[空间位置](GIS图层)。

野外数据采集实体的数据模型是地质点、分段路线、点间界线、GPS点位、样品、化石、产状、素描、照片、设计路线。通过PRB模型,野外地质调查所需要收集的地质实体和属性信息,可以在PRB数据模型的基础上进行扩展,实现野外收集信息的全覆盖(图3-2)。

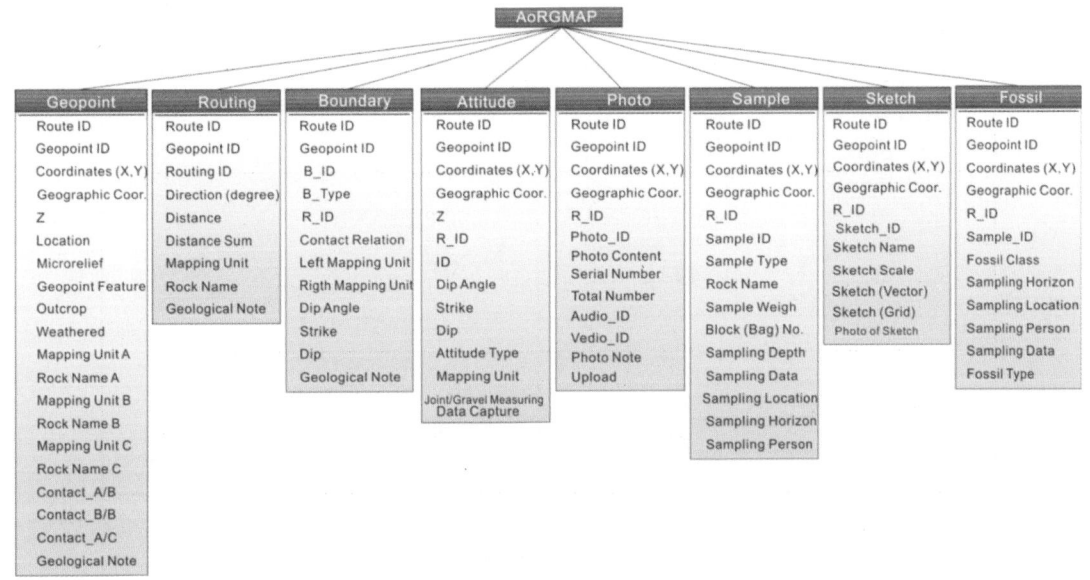

图3-2 PRB数据模型以及所关联的地质信息

3.2 PRB体系和编码规则

PRB数据模型简单,但可以支撑数字地质调查从数据采集到成图的全链条业务工作。根据工作的阶段和周期,PRB过程可分为三级体系。

一级PRB过程:为两个地质点之间野外路线观测的PRB最小单元过程,它是由以P开始的多个B、R的任意组合,是构成二级、三级PRB过程的重要基础。

二级PRB过程:为多个PRB最小单元过程组合成的一条PRB填图路线。

三级PRB过程:把数字地质填图过程规范化为前期PRB过程、PRB初期过程、野外PRB过程、野外驻地PRB过程、室内PRB终结过程、PRB成果提交过程,上述6个子过程统称为三级PRB过程。

在数字地质调查过程中,地质点P过程是PRB过程的核心。分段路线R过程、点间界线B过程必须隶属P过程。一个P过程可以有1个至N个R过程,0个至n个B过程。一个R过程必须有1个或1个以上B过程。如果1个P过程只包含一个R过程,则B过程可以没有。编码规则:从一个P过程到下一个P过程,P编号必须是唯一的。在P过程中的B过程,B过程的编号必定为0,其过程隶属该P过程(图3-3)。

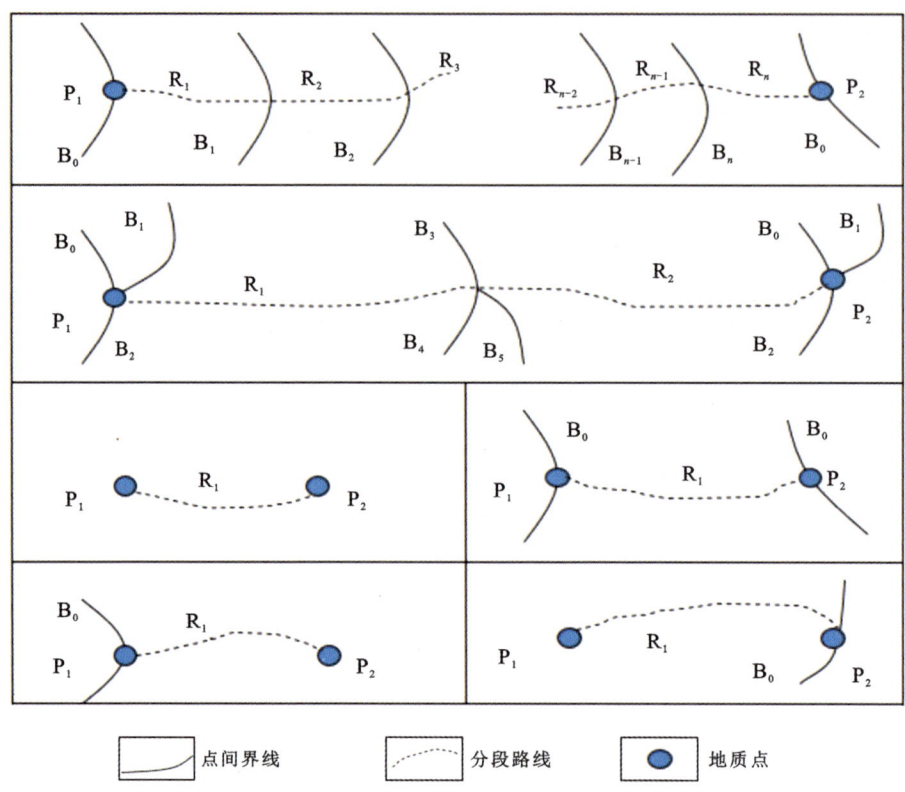

图 3-3 PRB 体系编码数据规则

复习思考题

(1) PRB 数据模型如何重构野外数据采集过程？

(2) 思考不同编码规则代表什么样的野外场景。

第 2 篇

数字地质填图数据采集与制图

本篇全面探讨了数字地质填图在数据采集、处理和制图过程中的实践操作,以及云平台和大数据技术支撑下的数字地质调查技术,具体涵盖数据采集、实测剖面图绘制、地层柱状图绘制、实际材料图绘制、地质图绘制,以及人工智能地质成图和野外地质实习基地智慧服务云平台等多个环节。

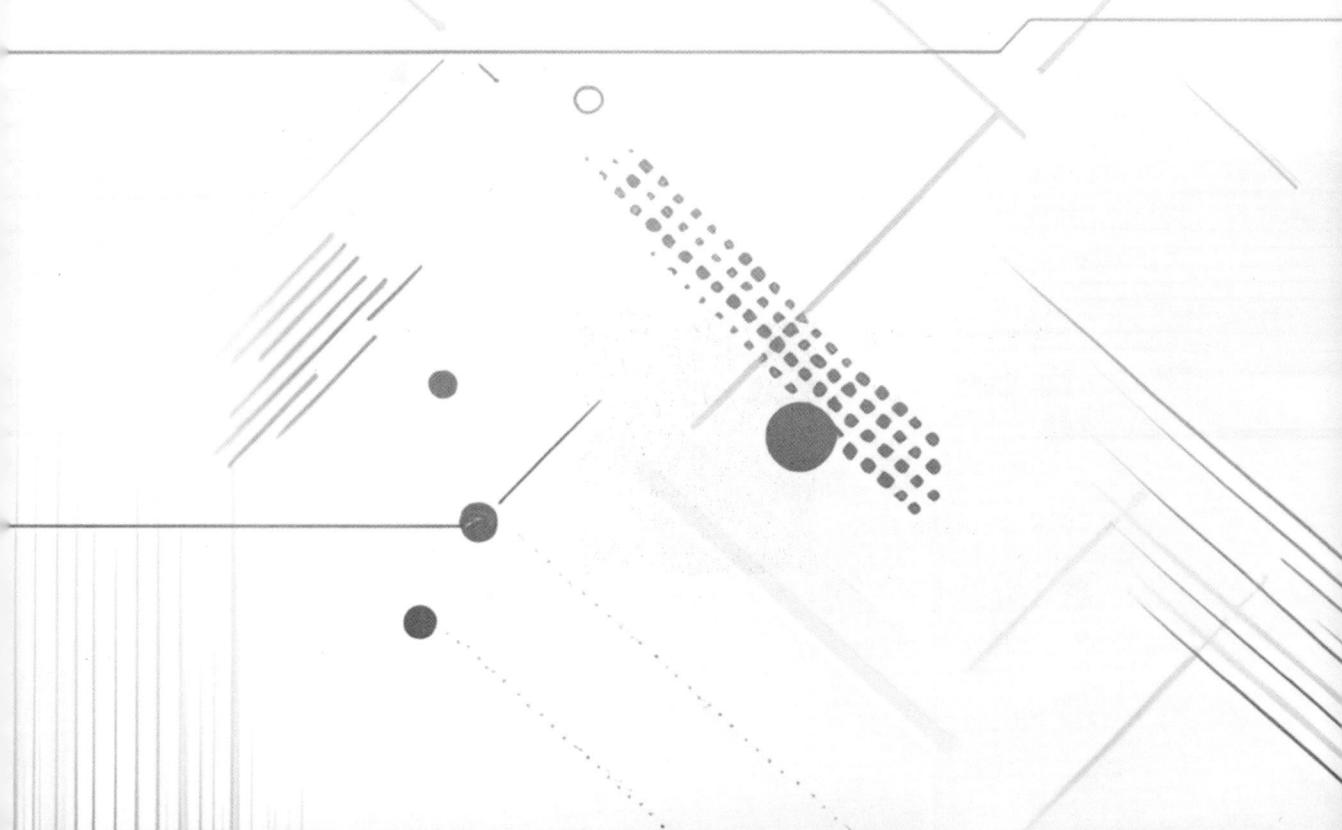

4 数字地质填图数据采集

4.1 准备工作

数字地质调查主要包括设计路线、野外数据采集(跑线)、室内数据整理(整线)、数据入库和专题图件制作等环节(图4-1)。在开展野外数字地质调查工作之前,应全面了解工作区的地质概况,收集等高线地形图、地质图、遥感影像等数据资料;将收集到的空间图件资料进行精细的空间位置校正、配准和数据格式转化,然后在数字地质调查软件平台DGSInfo中完成工作区图幅工程的创建。图幅工程是数字填图中工作区图幅数据的基本组织单位。

按照区域地质调查工作相关技术要求,采用相应比例尺的野外工作底图(填图区域)新建图幅工程。数字填图系统提供1∶5万、1∶10万、1∶20万和1∶25万图幅接图表,1∶2.5万及更大比例尺的图幅接图表需要使用"自定义接图表"功能自行建立。建立完相应图幅工程之后,还要根据研究区的地质情况,对地质词典进行编辑,方便后期的数据采集工作。

图4-1 数字地质调查的流程

建立图幅工程之后,根据野外地质调查内容设计,开展野外地质路线的设计(图4-2),野外地质路线的设计有两种方式,前者通过"菜单栏"→"数据准备"→"设计路线"进行命令的激活,后者通过软件界面右侧的快捷命令进行设计路线功能的激活。

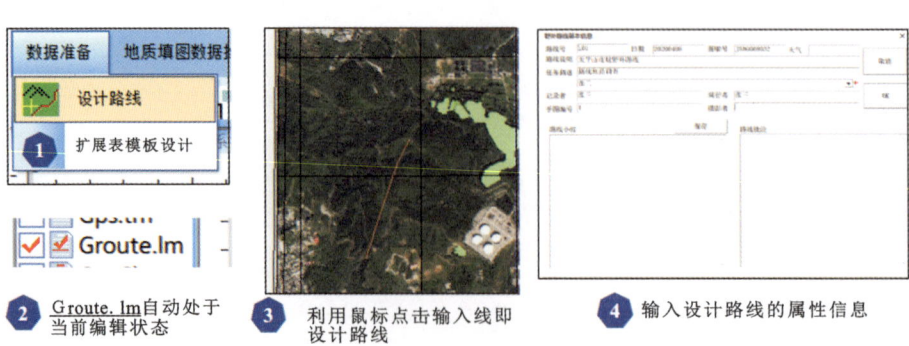

图4-2 野外路线设计过程

每一条设计路线对应一条野外手图,路线的数据采集以及整理工作都应在对应的野外手图工程中完成,然后再导入图幅 PRB 库。其具体步骤是:首先,在新建的野外手图工程中,添加野外采集必要的基础背景图层文件;然后,根据设计的地质调查路线,创建数字地质调查野外手图(图 4-3)。

在野外手图库中输入新建路线名称,与设计的路线保持一致,然后系统自动建立新的路线目录和相应工程文件、子目录文件、采集图层文件。除此之外,也可以在野外手图 Tab 视窗下,双击所建立的路线号,自动创建所对应的野外手图。然后,在创建好的野外手图中通过"文件"下的"野外手图数据交换功能",将数据转存到掌上机或手机终端中,以供数据采集软件 AoRGMap 使用。

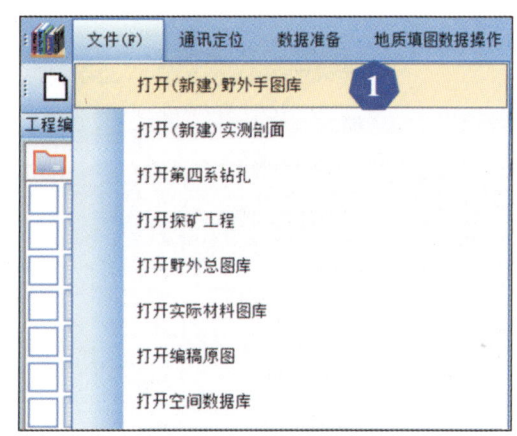

图 4-3 野外手图创建

4.2 野外路线数据采集

打开数字填图软件,界面如图 4-4 所示,按提示填写路线号和起始地质点号(路线号应与设计路线中填写的路线号一致),可根据底图设置 GPS 误差校准(+为向东、向北,-为向西、向南)。

图 4-4 数字填图软件初始界面及 GPS 误差校准设置

打开后的界面如图 4-5 所示,分别为野外手图、智能空间和在线地图 3 个窗口,在"图层管理"中可选择打开或关闭相应的图层。将卫星影像图层打开,并在"系统设置"中设置缺省子图大小、磁偏角、GPS 自动采点条件等内容。

图 4-5　图层管理

采集端系统的界面,包括地质点(P)、地质路线(R)、地质界线(B)等核心要素的数据采集按钮,也包括产状、照片、样品和素描等信息采集的快捷菜单(图 4-5)。除了固定的快捷菜单,界面还包括浮动且可以展开的 GPS 按钮,展开后可以查看经纬度、高斯坐标等定位信息以及 GPS 开关的操作按钮(图 4-6)。GPS 图标为绿色表示定位成功,红色表示未开启定位,黄色表示未找到信号。

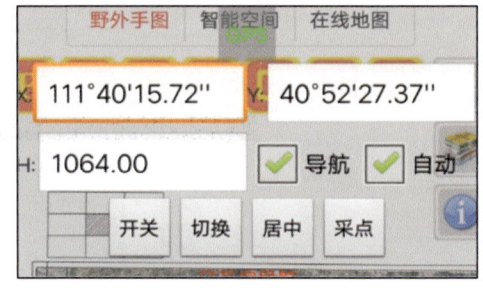

图 4-6　GPS 开关按钮

点击界面上方的"P"按钮(图 4-5),即可进行添加点、删除点、修改属性、移动点等操作。在屏幕点击"当前位置添加 P 过程"或点击"加点(GPS)"可进行更精准的添加。点击右上角"√",在对话框内添加相应的位置、点性、填图单位、地质描述等内容(图 4-7)。

返回主界面,点击"R"按钮(图 4-5)即可通过画折线的方法添加 R 过程,折线应按野外所走的实际路线,遵照定位所留的十字丝来画,并输入详细描述内容(图 4-8)。

B 过程的添加与 R 过程类似,添加地质点后输入地质界线(图 4-9)。

点击"产状"图标添加产状,在对话框输入产状类型、填图单位,点击"◇"将会显示电子罗盘(图 4-10),将掌上机贴在岩石层理或其他产状面,点击屏幕即可固定读数并自动填写倾向、倾角。

图 4-7 添加地质点

图 4-8 添加分段路线

图 4-9　添加地质界线（点间界线）

点击"照片"即可添加照片，在对话框中输入照片内容、照片编号，在数码序号处点击"照相机"图标即可拍照，并会自动赋予序号，镜头方向可用电子罗盘测出（图 4-11）。化石采样点和素描点的添加与此类似。

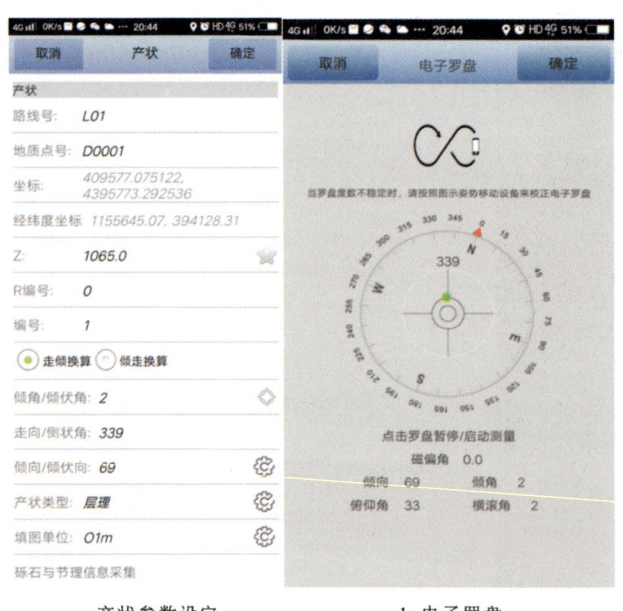

a. 产状参数设定　　b. 电子罗盘

图 4-10　添加产状

图 4-11　添加照片

4.3 野外数据入库、整理和检查

4.3.1 野外数据入库

将掌上机中保存的野外路线调查数据的文件夹复制到计算机中，打开 DGSInfo，在"图幅 PRB 库"窗口下，利用"文件"→"野外手图数据交换"→"掌上机（Android）到桌面"命令（图 4-12），将野外地质调查路线文件导入桌面系统中；成功导入后，即可在"野外手图"窗口中看到野外采集的数据（图 4-13）。

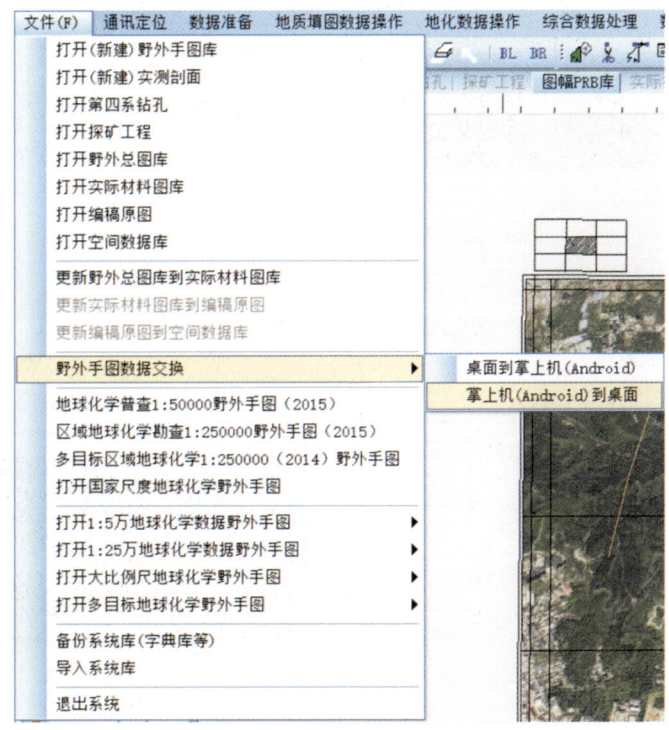

图 4-12 掌上机（Android）到桌面

4.3.2 野外路线整理

利用"地质填图数据操作"→"图示图例整改"→"地质点图层标注"命令可以将地质点号在可视化窗口进行显示，以方便相应的数据整理工作（图 4-14）。在室内数据的整理过程中由于野外数据采集终端屏幕大小和操作便捷程度存在限制，野外采集的数据在几何形态上存在错位以及不规则和部分属性信息缺失等问题。在桌面端软件系统中对野外数据采集过程中获取的几何要素进行进一步的修改完善，以满足相应的数字地质调查要求；在完成几何要素完善的基础上，对地质要素的属性进行信息补全。路线中几何要素的整理主要是指对地质点（P）的点位，R 过程和 B 过程线段的位置与平滑程度以及各种地质信息要素的摆放进行整理。

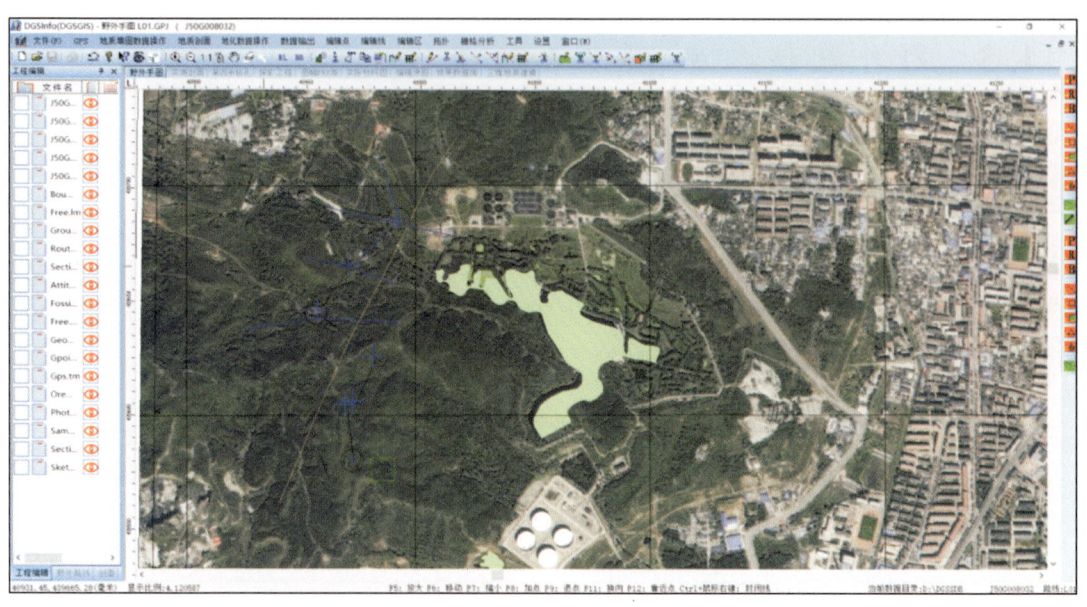

图 4-13　野外地质调查路线数据导入

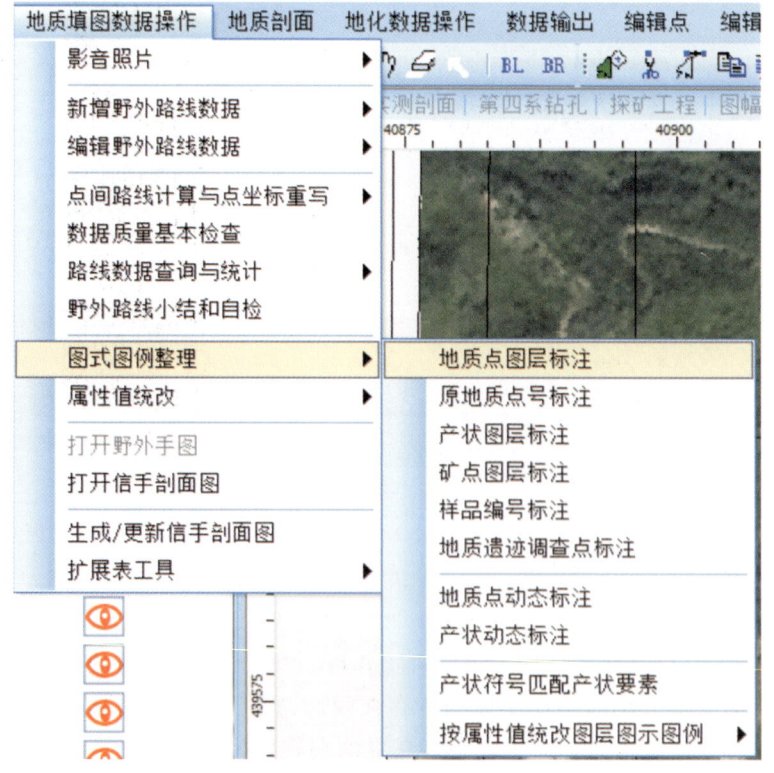

图 4-14　地质点图层标注

针对地质点(P)要素,在左侧工程目录中选择"GPTNOTE.tm"图层作为当前编辑状态,然后利用"编辑点"→"移动点"命令,将地质点号移动到合适的位置以使图面各元素不重叠(图 4-15)。

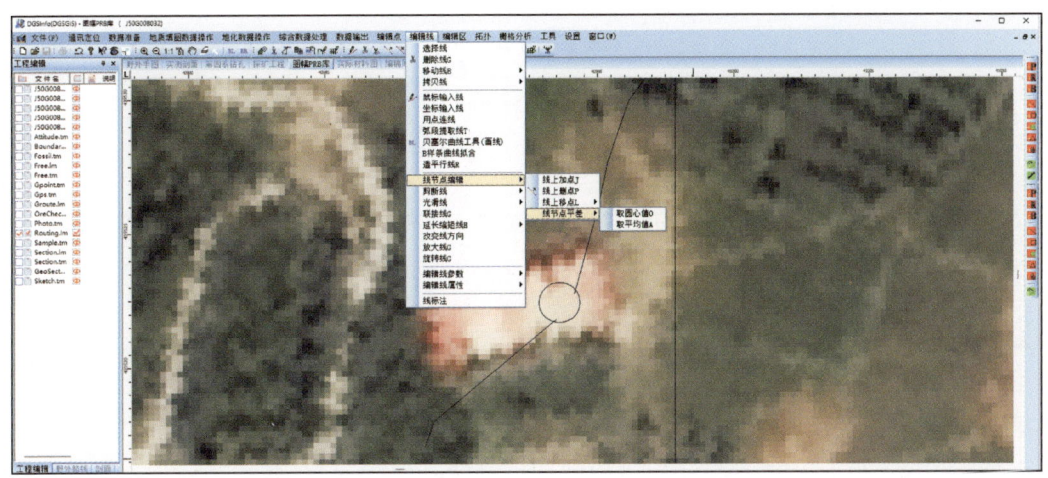

图 4-15 移动点

针对地质线要素,选择对应的图层文件以编辑 B 过程和 R 过程,用"编辑线"→"线节点平差"命令对图面线段进行修整,使其相互连接,保证整齐美观(图 4-16)。

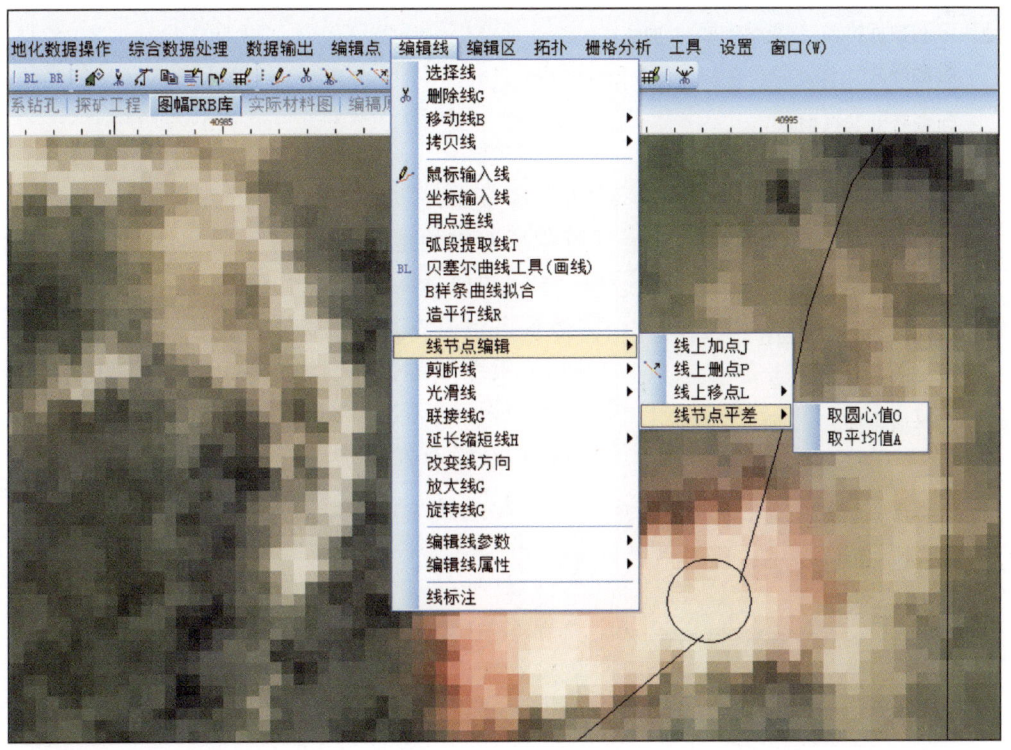

图 4-16 线节点平差

4.3.3 属性联动及质量检查

在工程编辑面板勾选“Gpoint. tm”，选择“工具”→“属性联动检查”→“点文件”命令检查P过程的属性，检查地质点号以及各属性填写是否完整(图4-17)。

查看D:\DGSSDB\J50G008032\数字填图\野外手图\L02\Gpoint.tm属性

ID	ROUTECODE	GEOPOINT	LONGITUDE	LATITUDE	ALTITUDE	XX	YY	LOCATION	OUTCROP	TYPE	GEOMORPH	WEATHING	LITHO_A	LITHO_B	LITHO_C	LITHO_1	LITHO_2	LITHO_3
1	L02	D001	409645.72	4395531.91	0.00	409644.73	4395531.91	164高地山脚	人工好	构造观测点	小路边	弱风化	厚层结晶灰岩					
2	L02	D002	409867.49	4395859.39	0.00	409867.49	4395859.39	山坡小路边	人工好	界线点	小路边	未风化	厚层结晶灰岩	灰绿色厚层状硬绿泥石角岩				
3	L02	D003	410430.24	4396933.30	0.00	410430.24	4396933.30	山坡小路边	人工好	界线点	山坡	弱风化	灰色-灰黑色细粒红柱石角岩	灰白色中厚层中细粒变晶…	褐灰色中厚层中粗粒变质…			

查看D:\DGSSDB\J50G008032\数字填图\野外手图\L02\Routing.lm属性

ID	长度	ROUTECODE	GEOPOINT	R_CODE	STRAPHA	LITHO	DATE	DISTANCE	DIRECTION	SUM_L	REMARK	MAPCODE	ORDER	PGEOPOINT	PSTRAPHA	PLITHO	CODE1	CODE2
1	45.931753	L02	D001	1	O1m	马家沟组灰岩	20200726160909	459.32	35.28	459.32								
2	31.514602	L02	D002	1	C2b1	灰绿色厚层状硬绿泥石角岩	20200726160904	315.15	358.96	315.15								
3	32.476759	L02	D002	2	C2b2	灰色红柱石角岩	20200726160921	324.77	55.75	639.91								
4	17.220741	L02	D002	3	C2b3	杂色粉砂质板岩	20200726160919	172.21	344.70	812.12								
5	19.570090	L02	D002	4	C2b4	生物碎屑灰岩	20200726160929	195.70	24.10	1007.82								
6	16.971483	L02	D002	5	C2b5	压力影板岩	20200726161201	169.72	43.15	1177.54								
7	19.768429	L02	D002	6	C2b6	红柱石角岩	20200726160926	199.70	54.46	1377.24								
8	39.507083	L02	D003	1	C2t	灰白色中厚层中细粒变晶…	20200726154108	396.25	333.31	396.25								

查看D:\DGSSDB\J50G008032\数字填图\野外手图\L02\Boundary.lm属性

ID	长度	ROUTECODE	GEOPOINT	SUBPOINT	R_CODE	RIGHT_BODY	LEFT_BODY	TYPE	TREND	DIP	DIP_ANG	RELATION	GBCODE	REMARK	DATE	MAPCODE	ORDER	PRIGHT_BODY	PLEFT_BODY	PTYPE	PRELATION	CODE1	CODE2
1	56.826380	L02	D002	0	0	O1m	C2b1	平行不整合界线	0	0	0	不整合			20200726152741								
2	57.793520	L02	D002	1	1	C2b1	C2b2	整合界线	0	0	0	整合			20200726152906								
3	52.270418	L02	D002	2	2	C2b2	C2b3	整合界线	0	0	0	整合			20200726153036								
4	47.969161	L02	D002	3	3	C2b3	C2b4	整合界线	0	0	0	整合			20200726153225								
5	41.912729	L02	D002	4	4	C2b4	C2b5	整合界线	0	0	0	整合			20200726153414								
6	51.360569	L02	D002	5	5	C2b5	C2b6	整合界线	0	0	0	整合			20200726153529								
7	55.863565	L02	D003	0	0	C2b6	C2t/P1s	整合界线	0	0	0	整合			20200726154002								
8	29.938409	L02	D003	1	0	P1s	C2t	整合界线	0	0	0	整合			20200726154037								

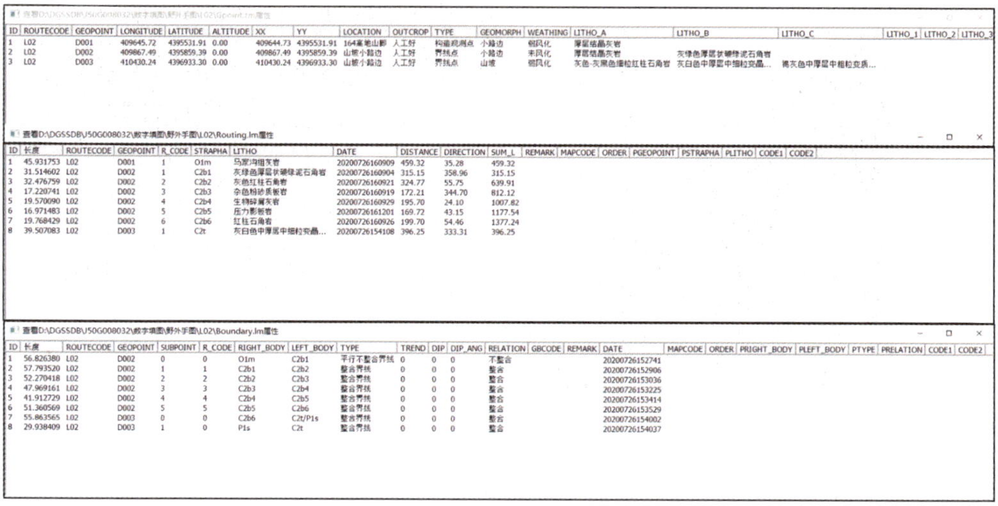

图4-17 PRB属性联动检查

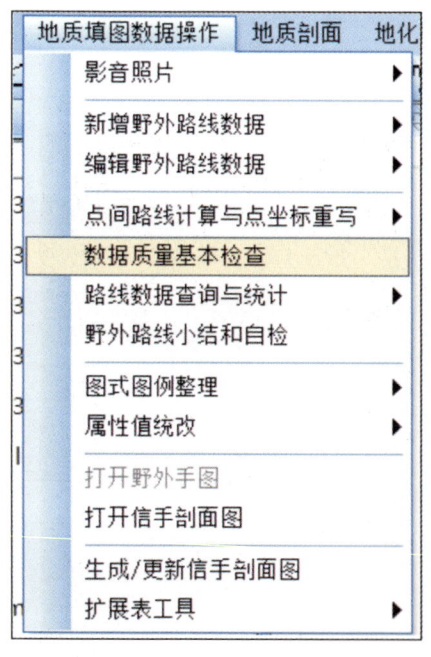

图4-18 数据质量基本检查

勾选“Boundary. lm”，选择“工具”→“属性联动检查”→“线文件”检查B过程的属性，检查地质点号与B编号、R编号是否对应，各地层接触关系等。

勾选“Routing. lm”，选择“工具”→“属性联动检查”→“线文件”命令检查R过程的属性，检查各个R过程所对应的地质点号、R编号和沿途岩性。

完成属性检查后，可用“地质填图数据操作”→“数据质量基本检查”命令检查各过程的ID号、路线号、地质点号是否有逻辑错误(图4-18)。若检查结果无错误，则弹出“DGSFace”对话框，显示“恭喜你！这次检查没有发现错误！”。

例如添加一个未输入地质点号的样品点，系统将提示如图4-19所示的内容。特别要注意的是，在输入过程中应尽量避免删除PRB过程或者照片、采样点等数据(数据输入错误的可使用编辑功能修改，位置输入错误的可以移动)，数据质量基本检查对删除的点也会进行检查，这将导致这些错误因为不存在而无法被修改，需要删除工程编辑面板中的图层文件新建对应的图层。

4 数字地质填图数据采集

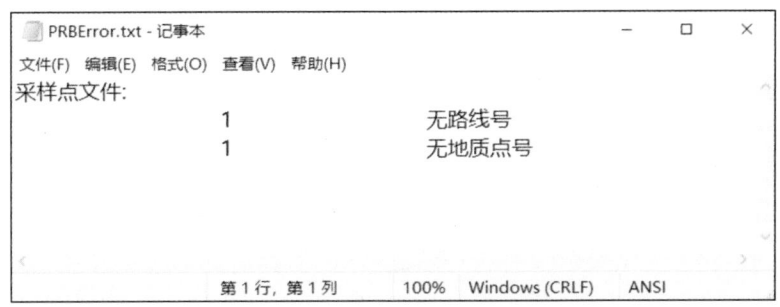

图 4-19 数据质量基本检查错误提示

4.4 数据采集及整理注意事项

4.4.1 野外数据采集注意事项

野外数据采集时需要注意以下事项。

(1) 设计路线时建议把路线颜色改为红色,绿色在野外光线下容易显得模糊不清。

(2) 设计路线自动生成文件夹以外,设置相应文件夹备份,野外数据采集的初始数据(路线、照片、素描)、路线室内整理后数据都需要逐一备份。

(3) 在野外数据采集过程中,按照 PRB 规则进行作业,在野外要把采集的各种材料记录在掌上机上,如照片、产状、采样和素描等,以免室内追加位置不准。

(4) 含地层的点必须要测量层理产状,构造点要测量各种线理和面理产状。

(5) 每个点必须要有 GPS 信息、照片、采集的样品,地质现象要有对应的照片或素描。

(6) 跑线的末尾最好加一个 R 过程以增加路线长度,增加野外工作量和标明相应的地质单元。

(7) 每条路线的素描点要在总地质点数的 30% 以上,每条线要有信手剖面图。

(8) 跑线过程中岩性控制点定点要慎重,要重点定断层、非正式填图单元、地质界线等要素。

4.4.2 室内数据整理注意事项

室内数据整理时需要注意以下事项。

(1) 路线几何特征要美观、精确。GPS 十字丝要与各要素重合,即十字丝要与地质点(P)的中心重合;照片、采样等要素要有十字丝。地质界线(B)要经过点的圆心;点间路线(R)的端点经过圆心或者 B(与 B 焊接);B 的延伸要符合要求,在实际材料纸质图上左右各延伸 5mm(即 1∶1 万比例尺上的 50m),在填图系统中 B 界线不要画得太长,以免影响后面地质界线的勾绘。

(2) 属性充填要包括共性和个性。各种属性的充填禁止直接抄写,同一岩性不同点的描述要根据实际情况描写;R 的描写侧重于沿途岩性的变化和各种地质现象。

B 地质界线的左右划分方式为:顺 B 线延伸方向由线的生成方向确定,站在起点看终点,前方的左侧为线左,右侧为线右。B 线的左右仅限于在对话框中指定位置填写,界线内容描述不能用"左右",要用方向,如"界线南为……"点 P 和 B 线的描述都有固定的领头句,分别为:"该点为×组(P_2t^2)与×群(×)界线点""该界线为×组(P_2t^2)与×群(×)界线"。

(3)产状标注。层理放到图层中,节理只在点 P 和 R 线等的描述中撰写,不以符号的形式放在图幅中。产状标注结束后要进行产状旋转(改动的信息经过旋转才会在视觉上体现,具体操作为:图式图例整理为"地质点图层标注(静态)+产状旋转",使得图表与内容同步。

(4)照片添加。导入照片前要先把相应的内容参数输进去(要注意照片序号、数码序号和照片数量一定要正确),最后统一导入照片。

(5)素描图添加。先把 JPEG 格式的图片转化为 msi 格式的图片,把 JPEG 和 msi 文件拷贝到路线文件夹素描图中,然后执行"画素描图"→"文件"→"编辑工程文件"→"添加项目"命令即可。

(6)段首位置计算。在整理好路线的形状之后要在每条 R 内容里面点击"段首",以计算分段路线的长度。

(7)位置说明。以点周围最近的高低或标志性地物为依据撰写,撰写模板为"距离×(高地)×米,方位角为×。"

(8)数据质量检查与工作量重新计算。整理完路线之后要再次核实路线长度与点的坐标,进行点间路线计算与坐标重写。

(9)错误修改。对 P、R、B、照片、产状、素描等分别浏览,对有问题的部分进行相应的修改。

(10)路线整理。整理路线时要先整理路线形状,接下来计算点间路线(R)的距离,重新写入地质点(P)的坐标,整理路线过程中添加段首,不要最后统一添加。

(11)产状检查。检查 P、R、B、照片,产状的 ID 顺序是否正确。

(12)美观排列。路线整理过程中,每个点的产状、采样、照片不能重叠,要严格放到指定的地层或界线附近(如 A 地质体中的采样△绝对不能放到 B 地质体中),在此基础上美观地排列。

复习思考题

(1)简述野外数据采集与室内数据采集的异同之处。

(2)为何在数据采集过程中十分重视属性信息的采集?

5 实测剖面图绘制

实测剖面桌面系列功能包括实测剖面工程创建、剖面数据采集与编辑、分层厚度计算、剖面图制作以及修饰等。本章主要介绍如何利用采集的实测剖面数据,基于数字地质调查信息综合平台(DGSInfo)生成实测剖面图。

5.1 实测剖面图

5.1.1 剖面类型

实测地质剖面资料是全面反映工作区地质特征的重要资料,是开展地质填图工作的前提,具有引领作用,也具有承前启后的作用。一般情况下,地质剖面的测制应在区域地质填图之前完成。内容包括测定沿剖面线的地形变化,各时代地层的岩性特征及厚度,古生物化石层位及所含化石的种属特点,地层的接触关系,系统采集岩石标本、化石标本及各种分析样品待室内进行分析研究。在此基础上,进行该区地质发展史的研究,以恢复古地理、古气候的特征,推断地壳运动的时期及特点,通过不同地质剖面的对比,研究同一时期不同地区地质环境的变化等。在三大岩类区,由于地质条件的差异,所测制的地质剖面的类型及内容都是不一样的。剖面应分别测制地层剖面、岩体剖面、变质岩剖面,在实际工作中还要测制其他类型的地质剖面。地质普查和区域地质调查中的地质剖面主要有以下几种。

(1)地层剖面:用来研究岩石物质及矿物成分、结构构造、古生物特征及组合关系、含矿性、标准层、沉积建造、地层组合、变质程度等信息;建立地层层序、查清厚度及其变化,接触关系,确定填图单位。

(2)构造剖面:着重研究区内地层及岩石在外力作用下产生的形变[如褶皱、断层、糜棱岩带(韧性剪切带)]及其构造特征(节理、破劈理等)、类型、规模、产状、力学性质和序次、组合及复合关系等;探讨构造与岩浆、变质和成矿作用之间的关系;对于区域构造的剖面,则要研究主干构造及典型的构造单元。

(3)侵入岩剖面:主要研究侵入岩的矿物成分、含量、含矿性、结构构造、岩相变化特征、同化混染、接触蚀变作用、侵入时期、侵入体与成矿的关系。

(4)火山岩剖面:查明火山岩的矿物成分、结构构造、产状、厚度、接触关系、空间分布及变化规律、岩石化学和地球化学特征;划分火山岩地层及岩石地层单位和火山喷发旋回,建立地层层序,确定火山喷发时代;研究各种火山机构或大地构造背景,探讨火山作用与区域构造及成矿的关系。

(5)第四系剖面:研究第四纪沉积物的形成年代、特征、成因类型及含矿性,地层厚度及变化特征,新构造运动及其表现形式。

5.1.2 实测剖面表格内容

实测剖面表格如表 5-1 所示,具体内容包括如下几项。

表 5-1 实测剖面表格

1	2	3	4	5	6	7		8	9	
导线号	导线长	导线方位角	坡角	分层号	分层斜距	岩层产状		岩性描述	标本、样品	
						倾向	倾角		编号	位置
	m	(°)	(°)		m	(°)	(°)	—		m
0-1	L	B	β	①②	l	A	α	(颜色、厚度、岩石定名等)	$F,R\cdots$	

10	11	12	13	14	15	16	17	18	19	20	21	22	23	24	25
导线方向与岩层倾向夹角	厚度	分层厚度	组(段)厚度	累计厚度	剖面总方向与分导线方位夹角	斜平距	分层平距	视平距	分层视平距	累计视平距	视坡角	高差	累计高差	剖面总方向与倾向夹角	视倾角
(°)	m	m	m	m	(°)	m	m	m	m	m	(°)	m	m	(°)	(°)
$\gamma=A-B$	d	—	—	—	$\varepsilon=B-C$	$L'=L\cdot\cos\beta$	$l'=l\cdot\cos\beta$	$L''=L'\cdot\cos\varepsilon$	$l''=l'\cdot\cos\varepsilon$	$\sum L''$	$\beta'=l''\cdot\tan\beta'$	$H=l''\cdot\tan\beta'$	$\sum H$	$\varepsilon'=A-C$	α'

(1)导线号:每一条导线的编号,用起点和终点两个点号来表示。以剖面起点为 0,第一导线终点为 1,表内记为 0-1,第二导线为 1-2,以此类推。不能用 1、2、3 等单个数字作为导线号。

(2)导线长(L):每一测段的导线长度。

(3)导线方位角(B):前进方向的方位角,每一导线都要测量其方位角,前测手、后测手误差不超过 3°,取平均值。

(4)坡角(β):坡角需要两测手相对施测,若两者读数相差不大,取平均数记录表内;若两者读数相差较大,必须重新测量。坡度角以导线前进方向为准,仰角为正(+),俯角为负(一)。

(5)分层号:从剖面起点开始按划分的地层单位顺次编号,如第一层用代号①表示,以此类推,同一层可以跨两根导线。

(6)分层斜距(l):分层在导线上的长度。同一导线上各分层斜距之和等于该导线总长度。

(7)岩层产状:倾向(A)和倾角(α),测量产状的位置,记录在倾向数字的右上角。

(8)岩性描述:简单准确记录颜色、厚度、岩性定名(由分层员报读)。

(9)标本、样品:记录采集的编号和位置。

(10) 导线方向(B)与岩层倾向(A)夹角(γ):$\gamma = A - B$。

(11) 厚度(d):指每一分层在各导线上的厚度,厚度可按公式 $d = l \cdot |\sin\alpha \cdot \cos\beta \cdot \cos\gamma \pm \sin\beta \cdot \cos\alpha|$ 计算,当岩层倾向与地面坡向相反时取"+",岩层倾向与地面坡向一致时取"-",坡角 β 采用绝对值。

(12) 分层厚度:某层的总厚度(有的跨多条导线)。

(13) 组(段)厚度:组中所有分层厚度之和,要注上组或段的号。

(14) 累计厚度:剖面中所有组的厚度之和,主要用于统计工作量或者编地层柱状图选定比例尺时作为参考。

(15) 剖面总方向(C)与分导线方位(B)夹角(ε):$\varepsilon = B - C$,剖面总方向是指剖面的起点指向终点的方位。

(16) 斜平距(L'):导线长度在水平面上的投影长度,$L' = L\cos\beta$。

(17) 分层平距(l'):分层在水平面上的投影长度,$l' = l\cos\beta$。

(18) 视平距(L''):斜平距垂直投影到剖面总方向上的长度,$L'' = L'\cos\varepsilon$。

(19) 分层视平距(l''):分层平距垂直投影到剖面总方向上的长度,$l'' = l'\cos\varepsilon$。

(20) 累计视平距($\sum L''$):各分层视平距之和,代表了在总导线方向上的剖面的总长度。

(21) 视坡角(β'):过剖面总方向的垂直面与山坡有一条交线,该交线与水平面的夹角,$\tan\beta' = \tan\beta \cdot \cos\varepsilon$。

(22) 高差 H:该高差为视高差,是在总导线上看到的高差,$H = l'' \cdot \tan\beta'$。

(23) 累计高差($\sum H$):各分层视高差之和。

(24) 剖面总方向(C)与倾向(A)夹角(ε'):$\varepsilon' = A - C$。

(25) 视倾角(α'):剖面与层面的交线和水平面的夹角,视倾角按 $\tan\alpha' = \tan\alpha \cdot \cos\varepsilon'$ 计算。

5.1.3 室内数据计算

野外剖面实测结束后,应及时进行室内资料整理及样品的处理,包括:对各项实测数据进行整理计算;样品分析鉴定;剖面地质资料的进一步整理、研究;绘制实测剖面图;编写剖面小结;划分地层单位及填图单位。表 5-1 中 11~14 项,主要计算地层厚度,用于实测柱状图制作;18~20 项,主要计算实测剖面长度;21~23 项,主要确定地形起伏,用于实测剖面图制作;24~25 项,确定岩层的倾角,用于实测剖面图花纹的绘制。

5.2 剖面工程创建

点击地图显示区域激活窗口,选择"文件"→"打开(新建)实测剖面"或者直接双击"实测剖面"窗口建立实测剖面工程图(图 5-1)。系统将在 DGSSDB 文件夹下对应的图幅工程中创建"数字剖面"文件夹。

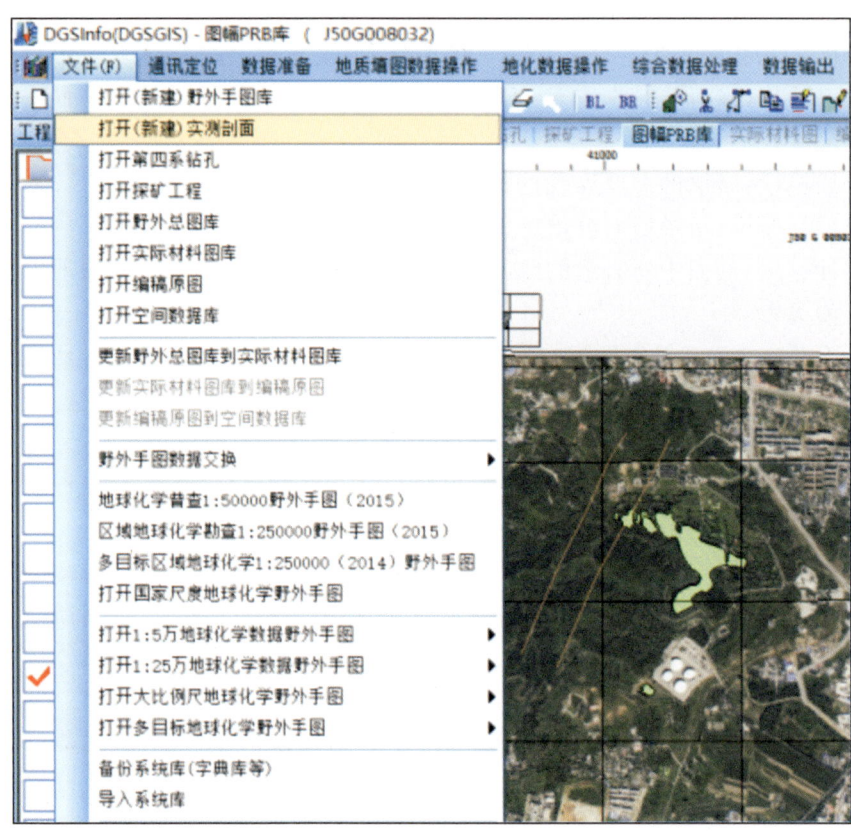

图 5-1　新建实测剖面工程图

如果要新建剖面,在新建剖面名称编辑框内输入剖面编号。剖面编号限制为 1~10 位字符,一般习惯以"PM"开头,如 PM01(图 5-2)。在剖面组织中输入剖面名称、背景方格纸大小,并注意剖面文件的保存路径应位于数字剖面文件夹中。

剖面创建后,打开已有剖面主要有两种方式。

(1)对话框方式:在剖面组织对话框中点击"选择剖面名称",选择相应剖面目录后点击"打开"即可。

图 5-2　剖面组织(新建、选择)对话框

(2)剖面数据控制台方式:已经新建的剖面编号会在视图左侧的剖面数据控制台中显示,双击剖面编号可打开该剖面。

5.3 剖面数据录入

输入导线库：在菜单栏选择"实测剖面"→"剖面编辑与计算"，"剖面编辑与计算"主界面如图5-3所示，主要分为导线测量库、分层线库（自定义产状）、真厚度计算库（≤300层）、分层描述、产状化石采样、照片等内容。除真厚度计算库外，其他内容需要根据野外实测剖面数据填写。

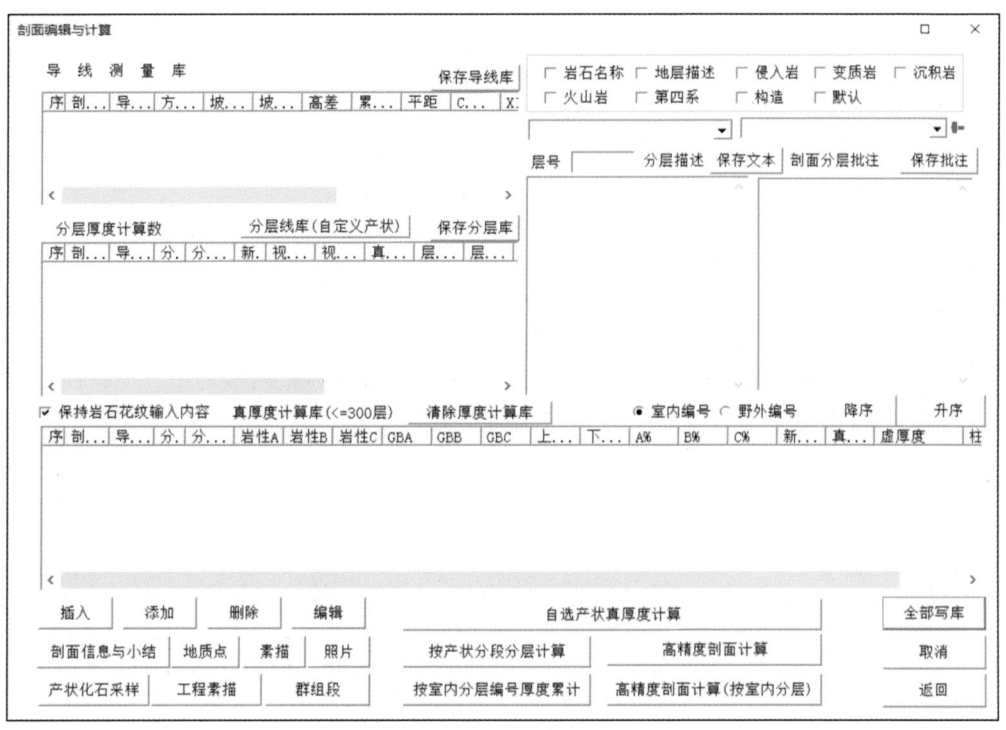

图5-3 剖面编辑与计算主界面

输入导线测量数据：双击导线测量库区域激活该窗口，点击下方"添加"按钮，输入方位角、坡角、斜坡距等信息（图5-4）。

输入分层信息：输入"1-2"导线后，双击分层线库区域激活窗口后，点击"添加"，将"1-2导线"中的4段分层信息依次输入，并在分层描述中输入各层的详细描述。重复上述步骤直到所有信息输入完成。在此过程中，应注意多次点击"保存导线库""保存分层库""保存文本"或者"全部写库"以防输入数据丢失。如果是早期的剖面，需分层批注，则可在"剖面分层批注"编辑框中输入描述，同理，及时点击"保存批注"（图5-5）。

产状化石采样数据录入：点击"产状化石采样"输入产状信息、化石信息和岩矿石采样信息，输入方法与导线数据相同。通常，输入产状化石采样数据，应先确定导线号、分层号，先在导线和分层编辑框上选中正在使用的导线号和分层号；在此之后，按输入要求，分别点击产状（采样、化石）编辑框，然后点击"Add"（添加），即可录入新的数据（图5-6）。

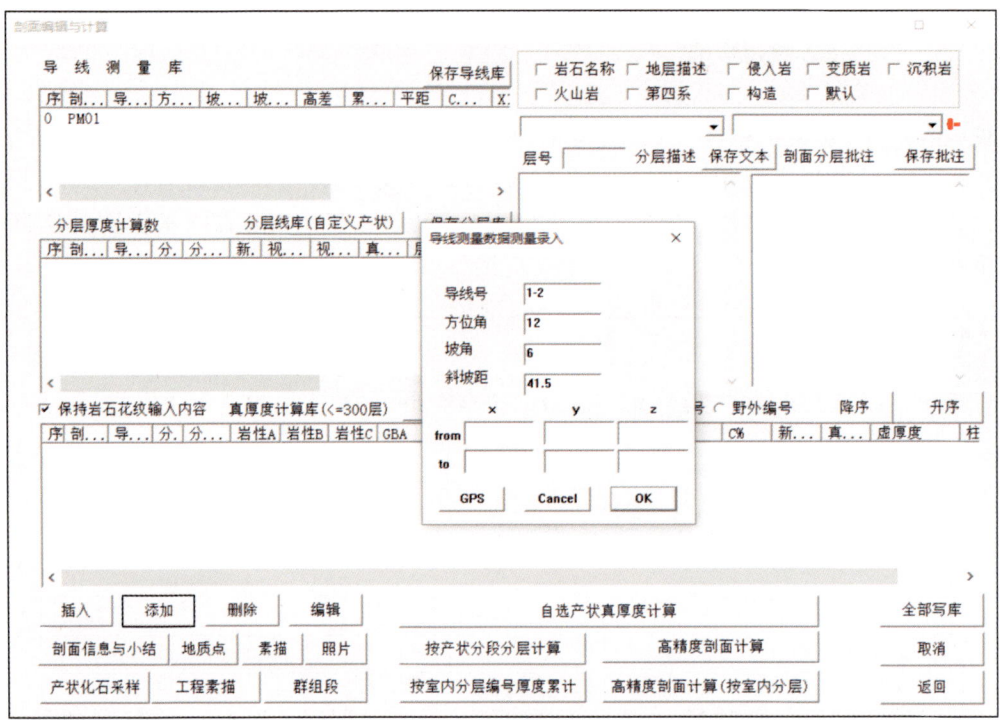

图 5-4 导线测量数据测量录入

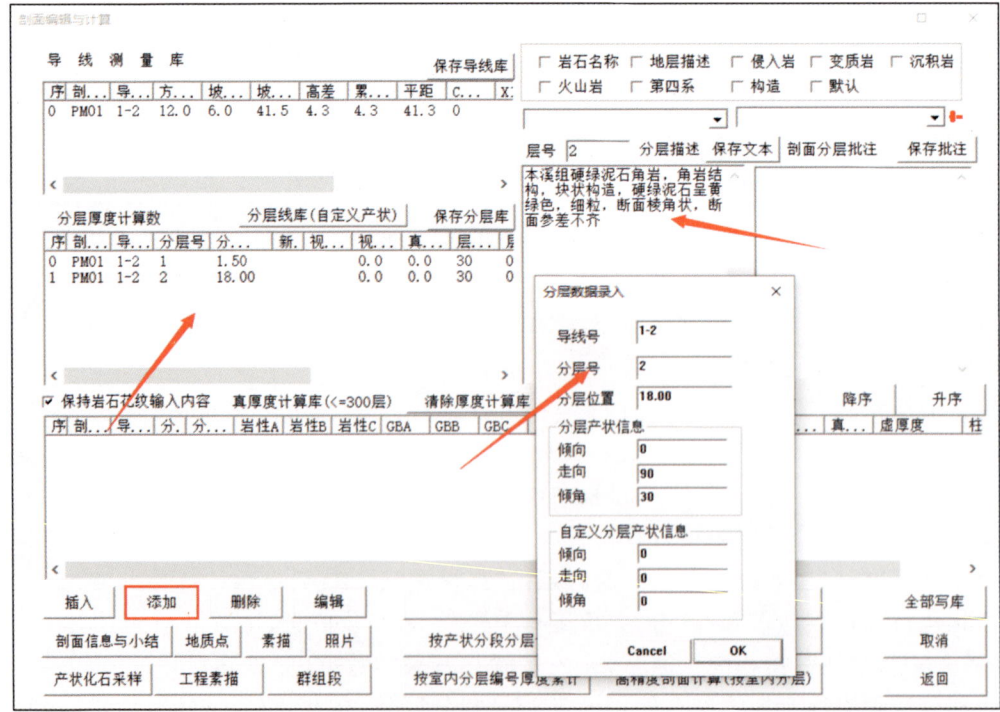

图 5-5 分层信息录入

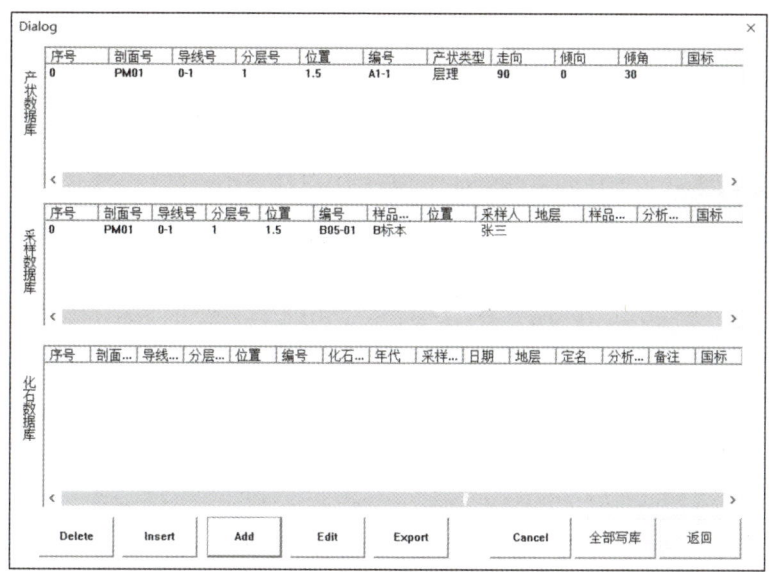

图 5-6　产状化石采样数据录入

照片数据录入：点击"照片"输入照片信息，在数码序号处输入照片名称，如在同一处有多张照片，序号用逗号相隔（图 5-7）。接下来在 DGSSDB\J50G008032\数字剖面\PM01\GeoSecDB\Images 路径下新建以分层号为名字的文件夹，并将该分层中的所有照片放入此文件夹。再次点击"照片"即可在照片数据库中看到。

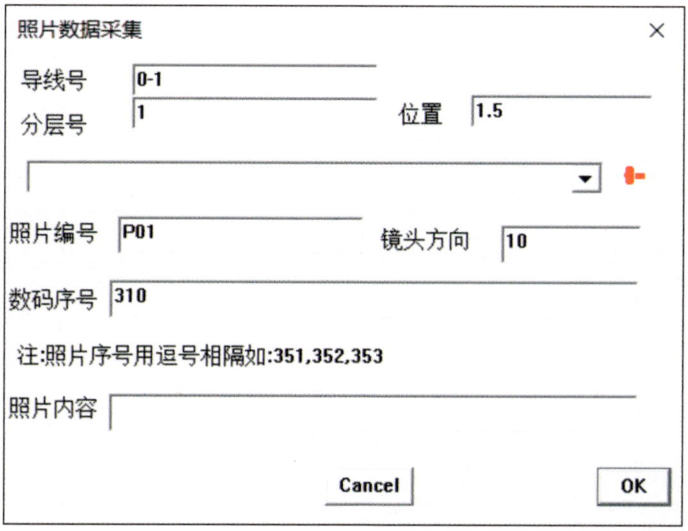

图 5-7　照片数据录入

群组段录入：点击"群组段"，依次在界、系、统、阶、群、组、段各单元下输入名称及起层号、终层号，这时的层号可以选择"野外分层"或"室内分层"两种方式。选择"室内分层"方式时，分层厚度计算表必须参照"按室内分层编号厚度累计"，以保证室内分层编号的完整性和有效性（图 5-8）。

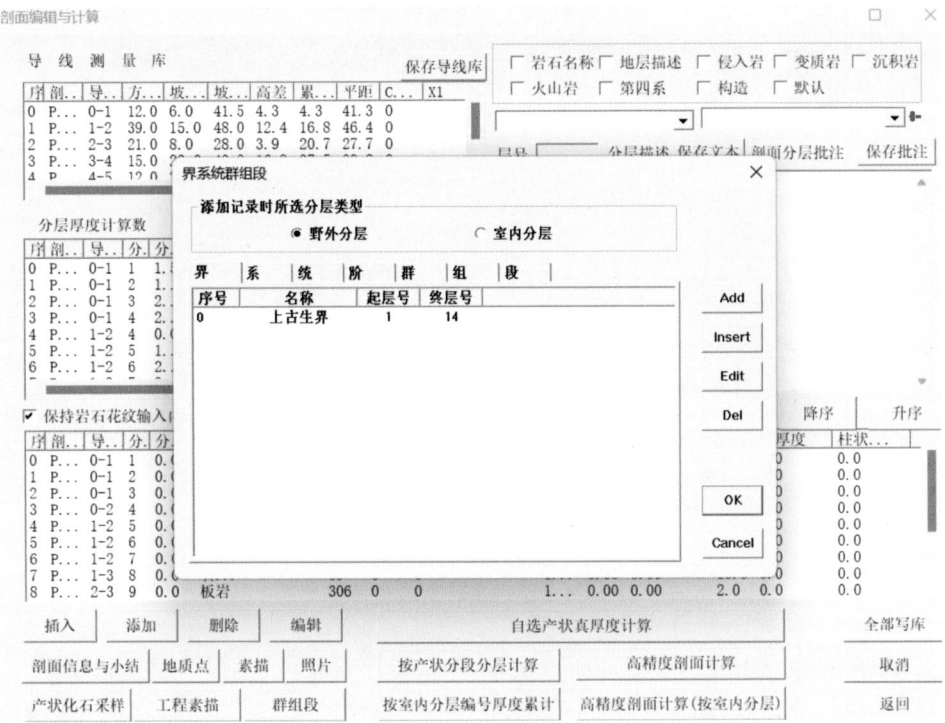

图 5-8　群组段录入

5.4　剖面图绘制

点击"剖面信息与小结",输入剖面名称、比例尺、记录者等信息(图 5-9)。

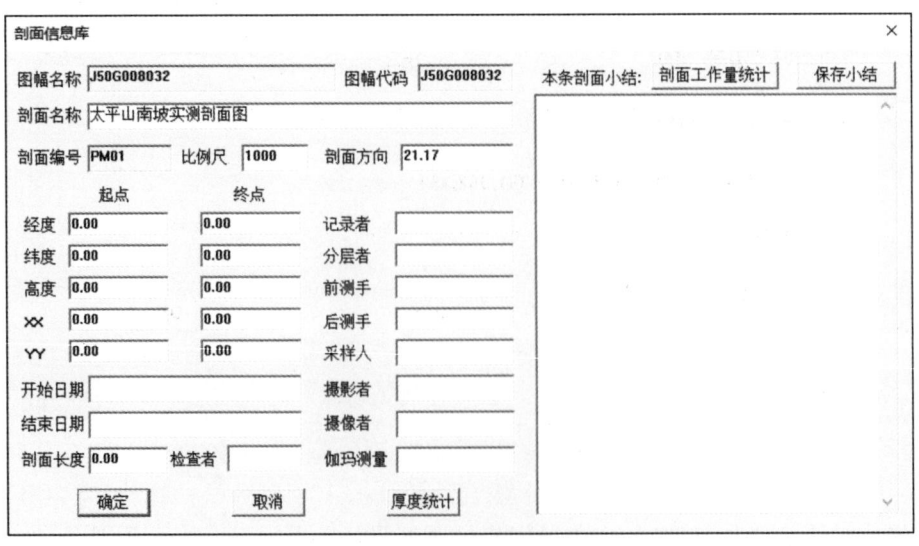

图 5-9　剖面信息库

全部输入完成后,点击"自选产状真厚度计算",将自动对各数据库进行计算,如各层高差、平距、视倾角、视厚度等内容。点击"全部写库"后返回(图 5-10)。

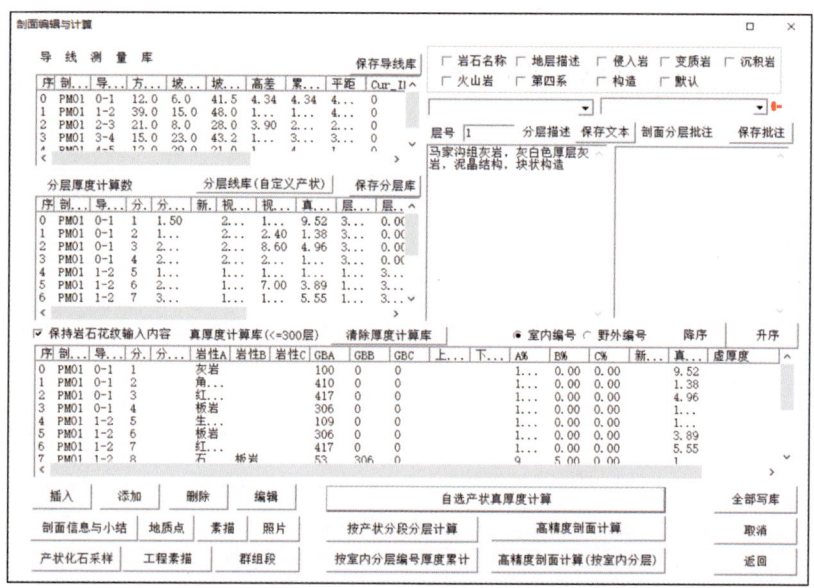

图 5-10　剖面编辑与计算

选择"实测剖面"→"剖面信息总库浏览与更新"可查看和更新剖面信息(图 5-11)。

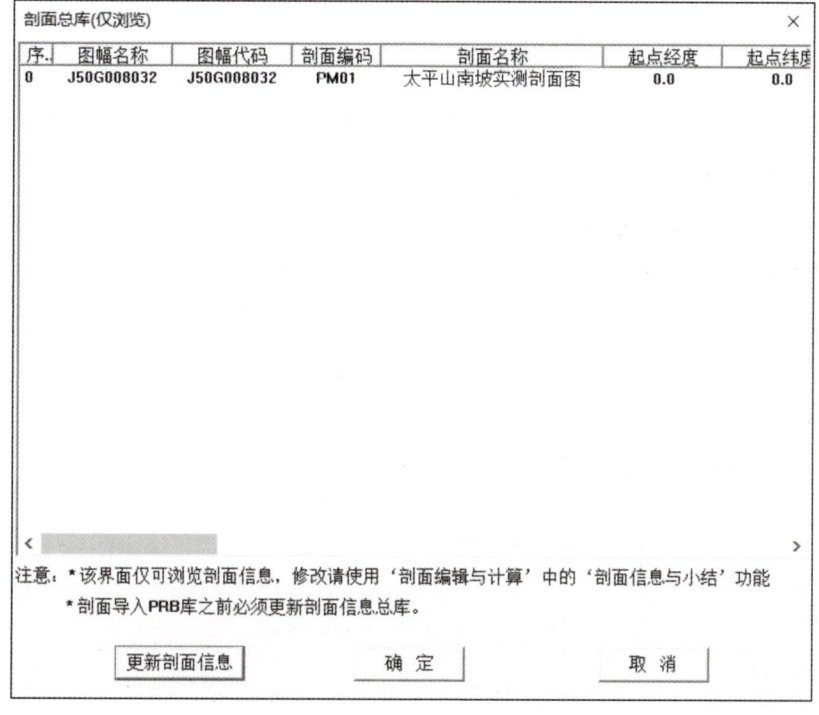

图 5-11　剖面总库浏览与更新

点击"实测剖面"→"绘制剖面图"即可生成如图 5-12 所示的一幅初步剖面图。

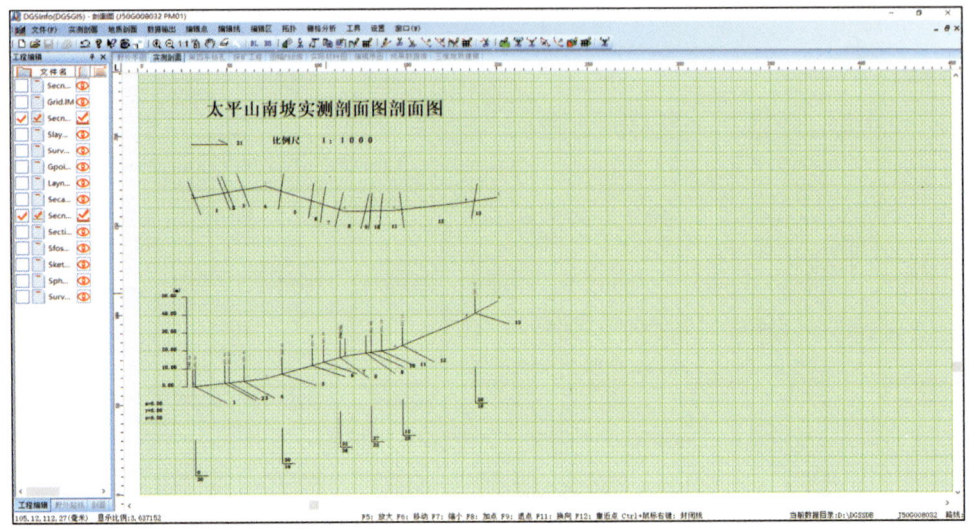

图 5-12　初步剖面图

5.5　剖面图修饰

用地质调查 GIS 平台（DGSGIS）在 DGSSDB 中打开工程文件 PM01.GPJ，可以更加方便地修饰剖面图（图 5-13）。

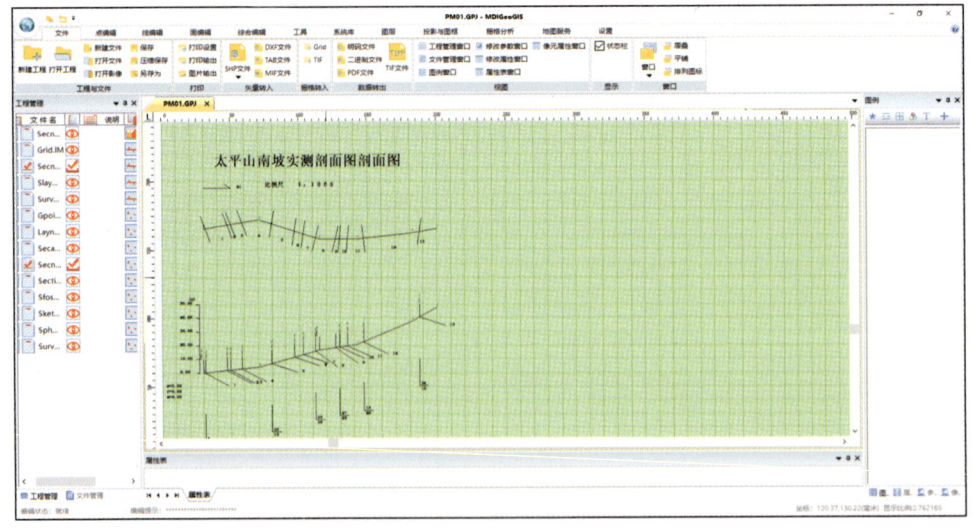

图 5-13　DGSGIS 初始界面

首先，对剖面添加岩性花纹修饰，右键点击"工程管理面板"选择"新建面"，输入文件名称"花纹"，并修改路径与工程文件在同一文件夹中。

勾选"花纹.pm",在菜单栏选择"面编辑"→"直接输入面",用鼠标选择 4 个顶点生成面,为使花纹整齐美观,可在输入面之前画一条辅助线。接下来编辑面的参数,输入填充颜色、填充图案、图案高度、图案宽度、图案角度等内容(图 5-14)。填充颜色选择"白色"并勾选"透明输出",图案高度和宽度用以决定花纹的粗细和长短,图案角度应用岩层的视倾角来表示,视倾角可以在 DGSInfo 中的"剖面编辑与计算"分层线库中获得,由于软件默认的旋转方向为向左旋转,此处应输入视倾角的负数。

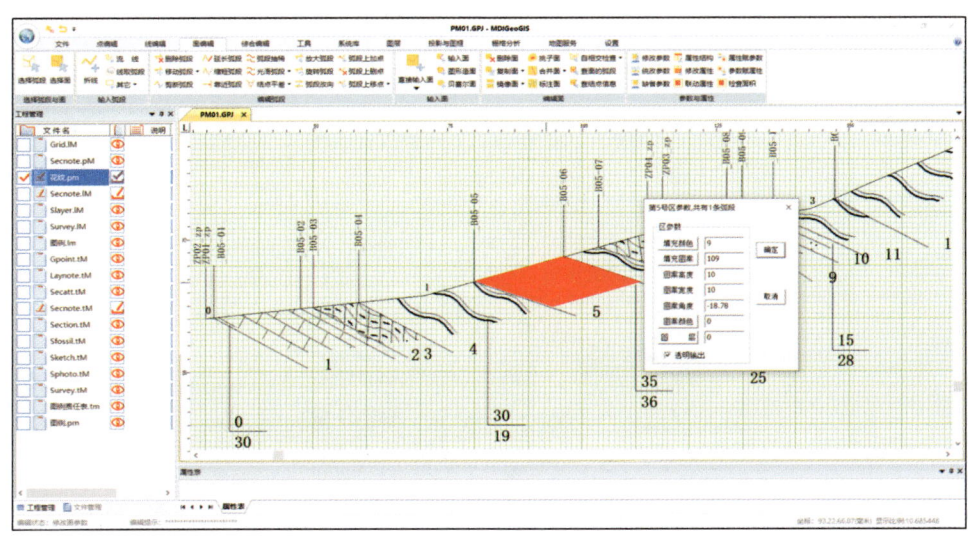

图 5-14　花纹参数设置

新建"图例.tm""图例.lm""图例.pm",在图面合适的位置添加图例,并用相同的方法添加责任表(图 5-15)。

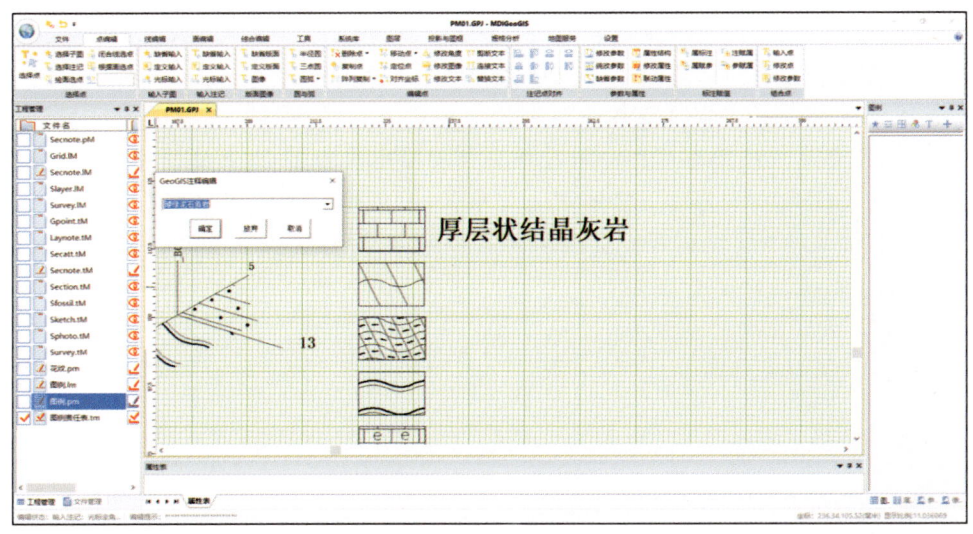

图 5-15　添加图例

勾选工程管理面板的"Secnote.lm""Secnote.tm"图层文件,选择"综合编辑"→"整块移动",将产状、标本、剖面方向等元素移动到合适位置。勾选"Slayer.lm"图层文件,选择"线编辑"→"修改参数"将地层不整合接触界线改为虚线。其他修改也可以选择相应的图层文件进行。在工程管理面板点击右键选择"保存工程"。在DGSInfo中重新打开工程文件,完整的剖面图便完成了(图5-16)。

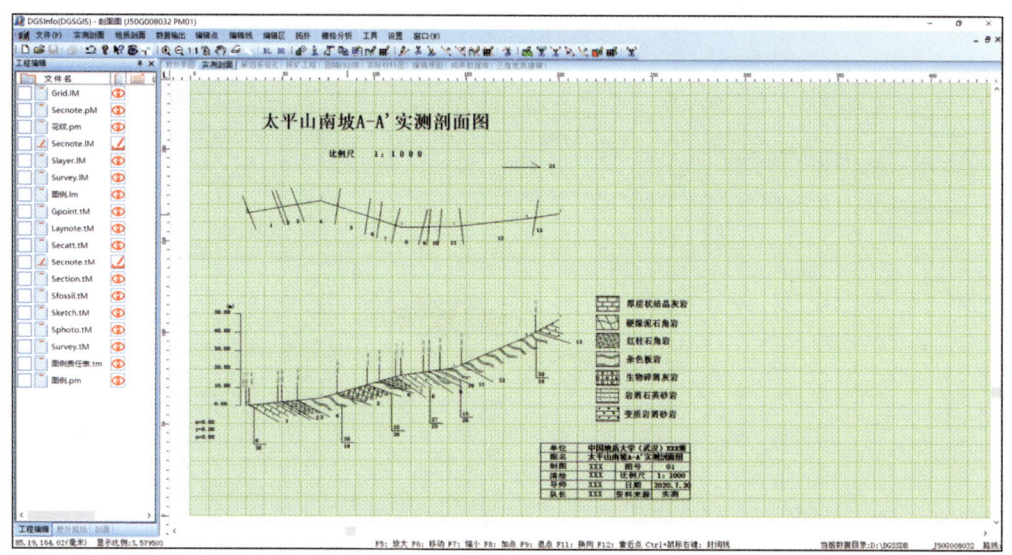

图5-16 完整的剖面图

复习思考题

(1)实测地质剖面有哪些类型?

(2)在开展区域地质调查工作之前为何要测制各类地质剖面?

(3)导线的方位、长度、坡度等参数如何测量和记录?这些参数在剖面图绘制过程中是如何影响剖面图形的最终形态的?如果导线方位测量出现偏差,对剖面图造成什么影响?

(4)产状在DGSS实测剖面图绘制中有何意义,如何影响地层在剖面图中的表现形式?

(5)在绘制完成后,如果发现剖面图中的某个地层单元显示不准确(如厚度、倾斜角度等),如何在DGSS系统中进行调整?

6 地层柱状图绘制

6.1 地层柱状图的绘制原则

6.1.1 基本概念

将一个地区的全部地层,以一定比例尺和图例,按其时代顺序自下而上(即从老到新)将各地层的岩性、厚度、接触关系等现象以柱状图表的方式表示出来的图件,称地层柱状图或称柱状剖面图。地层柱状图可分为一般地层柱状图和综合地层柱状图两类。

6.1.2 一般地层柱状图的绘制原则

一般地层柱状图习惯上简称地层柱状图。它是一种原始地质图件,是根据一口钻井或一条地层剖面所确定的地层层序、地层厚度、岩性特征等资料绘制的。一般地层柱状图有惯用的格式(表6-1),其内容可根据具体要求进行增减。

表6-1 实测地层柱状图格式

年代地层			岩石地层				层厚/m	柱状图	沉积构造	基本层序	岩性简述及化石	备注
界	系	统	阶	群	组	段	层					

以实测地层柱状图为例,绘制原则如下(赵温霞等,2003)。

(1)根据具体情况选定实测地层柱状图的内容。例如在古生物化石带发育且易识别的地区,应在"年代地层"和"岩石地层"之间加上"生物地层"一栏;而在沉积构造发育、相标志清楚的地区则应加强沉积相分析,可在"岩性简述及化石"之后加上"沉积相及海平面变化"一栏。

(2)根据岩性及厚度绘制岩性柱,其岩性符号、岩性花纹和各种代号均应与实测剖面图相同。比例尺原则上也应一样,特殊情况下可以适量改变。常见的岩性花纹与符号见图6-1。

(3)岩性以层为单位,分层描述,应使用岩石的全名或突出特征来简明描述。若岩性明显分上、中、下,则依次由上而下分别描述。

(4)化石须按类别和数量的多少依次标明类别与属种名称,一般类别用中文,而属种名称用拉丁文。

(5)在"柱状图"一栏中,应注意化石产出的相应位置并标上化石符号。

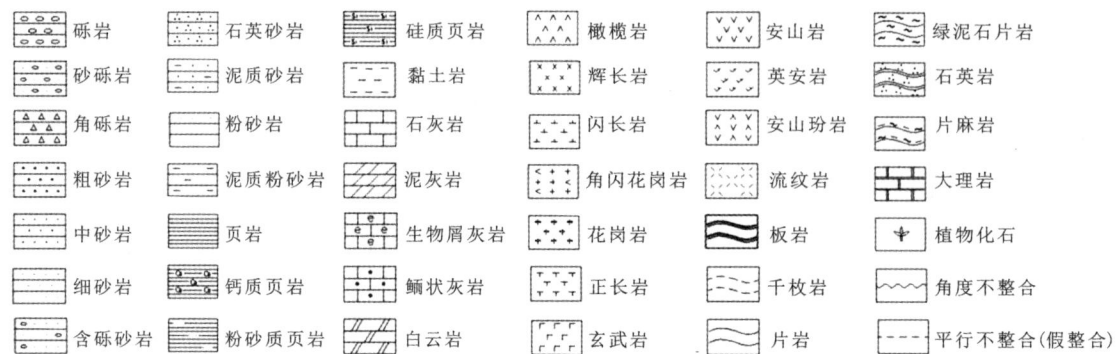

图 6-1 常见的岩性花纹与符号

(6)"沉积构造"栏中的层理、层面构造及其他构造,一般用花纹来表示。

(7)"柱状图"一栏中,地层的接触关系必须用规定的符号清楚地表示出来。国际统一规定以"———"表示整合接触,"-----"表示假整合接触,"〜〜〜"表示不整合接触。

(8)在图面许可的情况下,可在"岩性简述及化石"与"沉积构造"栏之间标上各地层单位的基本层序。

(9)矿产或其他内容可在备注中注明。

(10)在图上方写全图名及比例尺,图下方标上图例及填写责任表。

6.1.3 综合地层柱状图的绘制原则

综合地层柱状图是一种综合性图件,它是根据整个工作地区若干个钻井或若干条地层剖面资料,经过综合整理后绘制成的;它是工作区内地层、岩性特征、厚度变化、岩相、古生物变化等情况的总结;它是区域地质资料的重要组成部分。它的制作方法基本上与一般地层柱状图相同,其不同之处就在于"综合"这个特点。

(1)岩性通常以段、组为单位综合描述。描述要有代表性,同时也须对区域内较大的岩相变化进行描述,相变规模大时,要在岩性柱上画上相变线。

(2)地层厚度以综合厚度表示,一般应包括最薄的和最厚的范围,如 20～80m。

(3)化石名称应选择有代表性的或特征性的属种。

(4)一般要加上"沉积相和海平面变化"一栏,以描述该地区地质历史时期的环境变化。

(5)综合地层柱状图多和地质图配套,因此综合地层柱状图可上色。

6.2 地层柱状图的制作

地层柱状图桌面系列功能包括剖面分层花纹代码编辑、剖面编辑与计算、剖面柱状图制作以及修饰等。本节主要介绍如何根据实测剖面数据,基于数字地质调查信息综合平台(DGSInfo)生成剖面柱状图。

6.2.1 剖面数据信息录入

在菜单栏选择"实测剖面"→"剖面编辑与计算"(图 6-2),根据实测剖面信息,添加剖面相关信息。计算主要包括导线测量库、分层线库、真厚度计算库、分层描述、产状化石采样信息、照片等内容。除真厚度计算库外,其他内容需要根据野外实测剖面中的部分数据填写(表 6-2)。

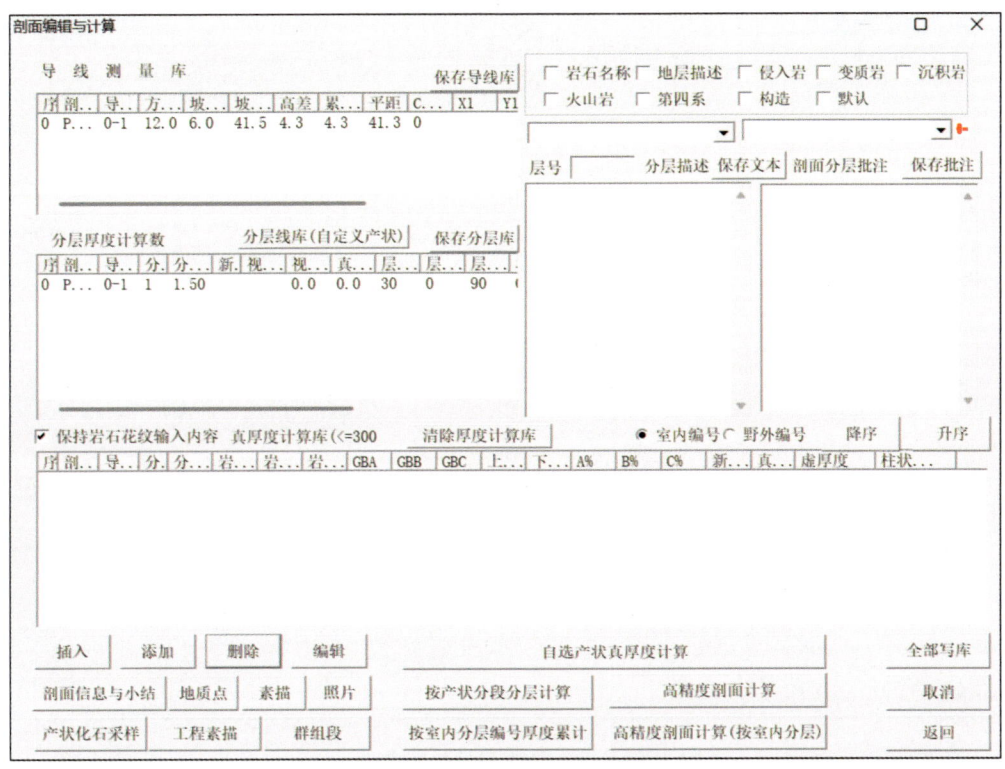

图 6-2 剖面编辑与计算界面

表 6-2 实测剖面基础计算数据

导线				分层					产状			采样		
导线号	方位角	斜距	坡角	层号	岩层简述	分层位置	倾向	倾角	走向	位置	倾向	类型	倾角	编号	位置	花纹代码
	(°)	m	(°)				(°)	(°)	(°)		(°)		(°)		m	

首先,输入导线测量数据,在导线测量库中输入方位角、坡角、斜坡距等信息(图6-3)。输入"2-3"导线后,在分层厚度计算数中将"2-3"导线中的4段分层信息依次输入,并在分层描述中输入各层的详细描述(图6-4),重复上述步骤直到所有信息输入完成。在此过程中,应注意多次点击"保存导线库""保存分层库""保存文本"或者"全部写库"以防输入数据丢失。

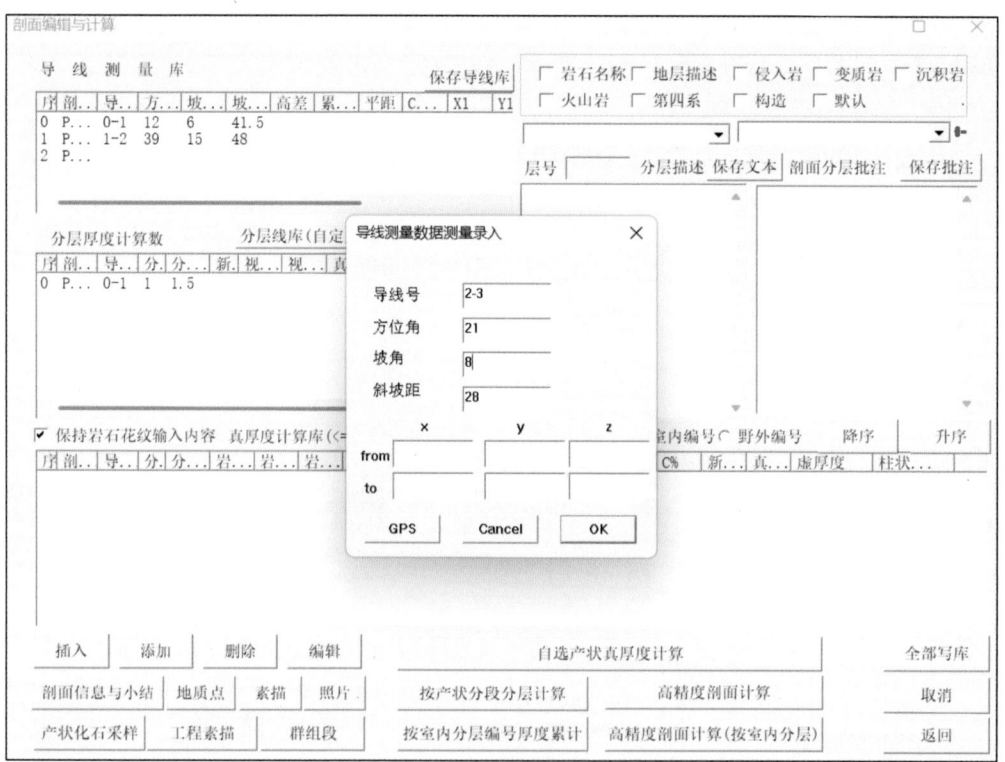

图6-3 导线测量数据录入

点击"群组段",依次在"界""系""统""阶""群""组""段"各单元下输入名称及起层号、终层号(图6-5)。在"组"单元下,可以将地层分为马家沟组、本溪组、太原组、山西组等(图6-6)。

输入"群":首先点击上部要添加的对应单元"群",之后点击右侧的"Add"(添加),在弹出的编辑框中从字典库中查找群的名称,也可以手动输入起层号、终层号;"界""系""统""组""段"的信息录入方法与"群"相同。

6.2.2 剖面分层花纹代码编辑

在菜单栏选择"实测剖面"→"选择剖面柱状图",点击"剖面分层花纹代码编辑"。在花纹库中,依次选择层号1~13,分别输入"岩石名称""花纹库代码"和"本层%"(含量)等内容,一层中有岩石互层现象可按比例输入(图6-7)。

6 地层柱状图绘制

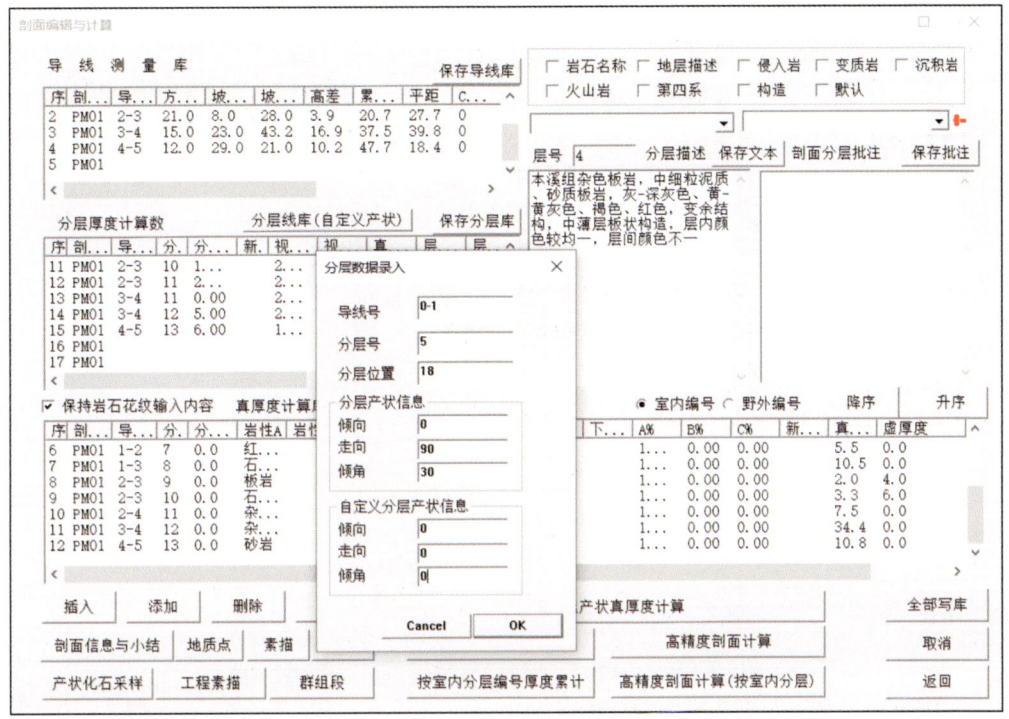

图 6-4 分层数据录入

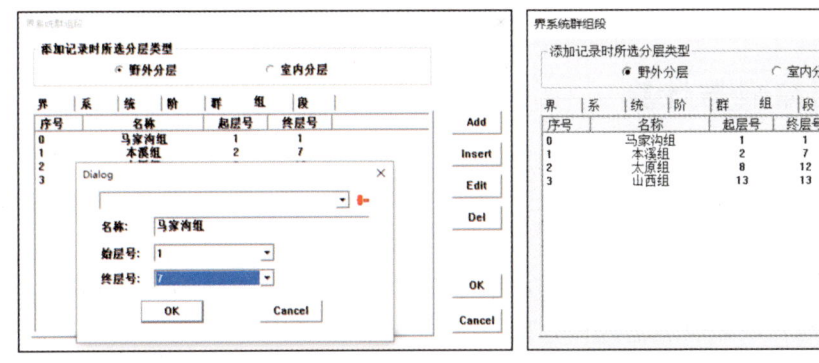

图 6-5 群组段信息录入　　　　图 6-6 群组段数据库

对分层虚厚度可以进行设置,虚厚度是指岩性柱厚度不变,调整分层文字部分(包括分层号、厚度值以及分层描述等)的横格高度,单位为 cm。对岩性柱状图可以进行缩放设置,该值将影响分层花纹的实际绘制厚度,分层文字部分的横格高度将随之调整。柱状图压缩时(该值小于分层厚度),在柱状图中绘制波浪线表示压缩量,该值大于 0 有效。通过字典库选择岩石花纹,一次最多可以填写 3 种岩石花纹,各种花纹所占分层百分比之和应等于100%。对于接触关系输入,可以选择"与上层接触关系"和"与下层接触关系",主要是整合接触、不整合接触等关系。

· 81 ·

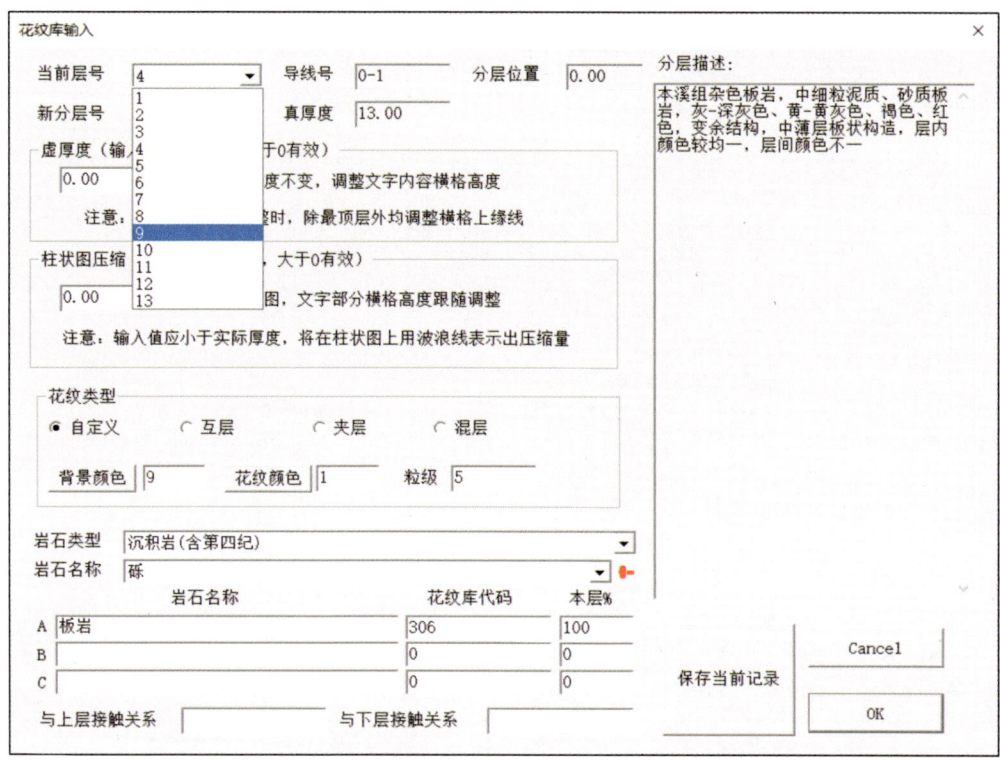

图 6-7 花纹库输入

6.2.3 剖面编辑与计算

在"剖面编辑与计算"中可以直接修改剖面测量参数(图 6-8),点击"剖面信息与小结"还可以修改柱状图的比例尺、剖面名称、剖面编号(图 6-9),另外还可以添加记录者、分层者等信息。

(1)真厚度计算:在"剖面编辑与计算"菜单中,选择"真厚度计算",系统会自动计算分层厚度。分层厚度的自选产状依据就近原则选取,并依此计算该层的厚度,之后会在真厚度一列显示计算结果。

(2)自选产状真厚度计算:可以根据层的具体情况选取产状,在分层厚度计算中查看产状是否合理,可以修改任意一层计算所需的产状。

(3)在"剖面计算与编辑"中,还可以选择添加地质点、素描图、照片以及产状化石采样等信息。

(4)在"剖面信息小结"中可以预览添加的剖面信息,经过检验后,对有错误的地方可以点击相应区域进行修改,最后再进行全部写库。

6 地层柱状图绘制

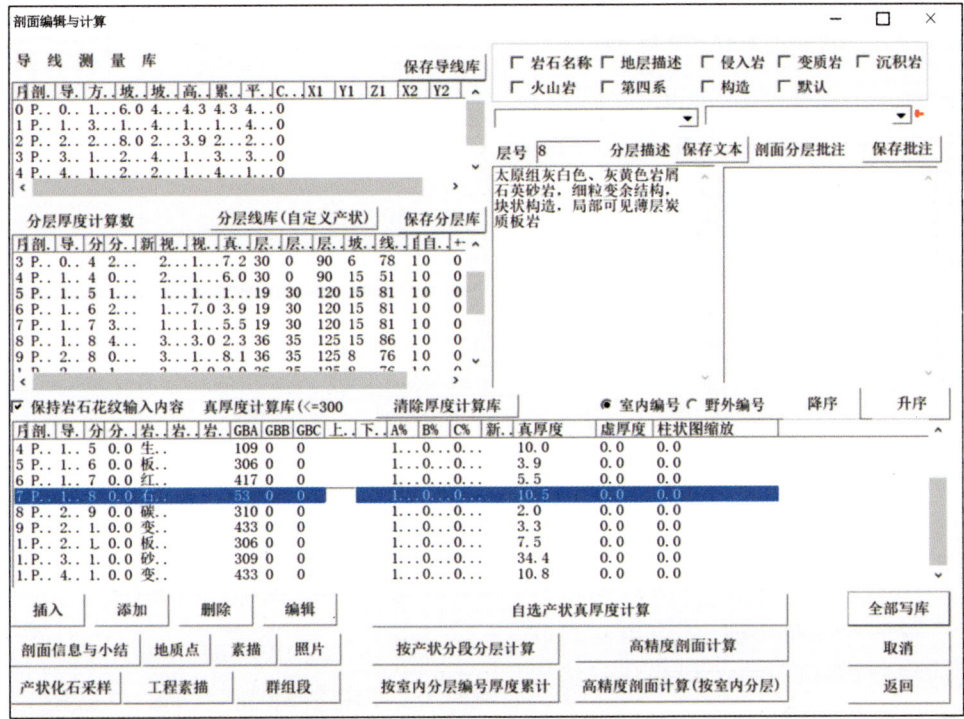

图 6-8 剖面测量参数修改

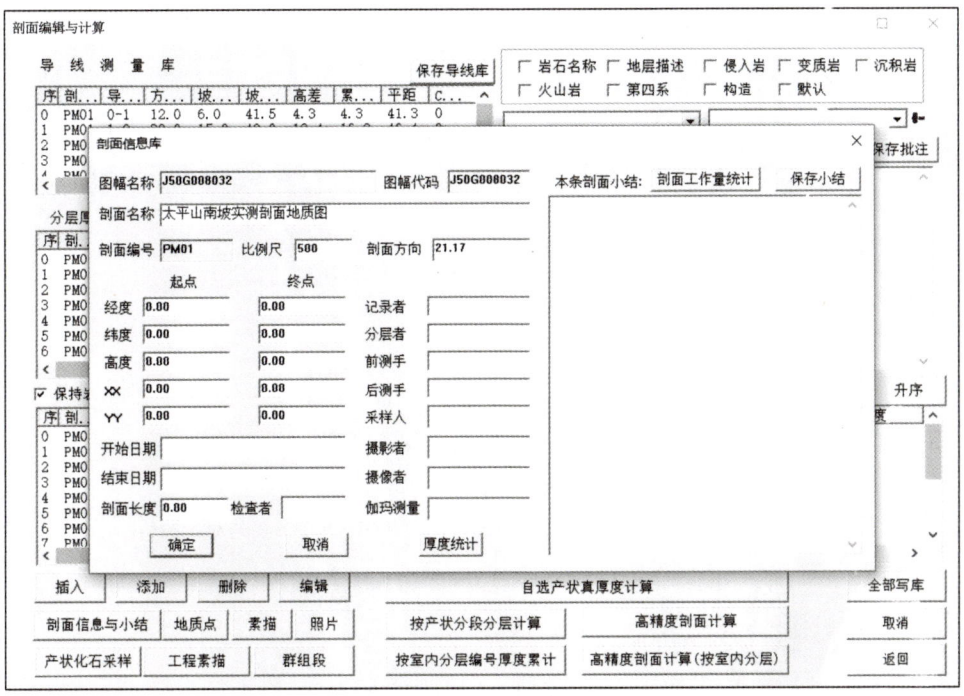

图 6-9 "剖面信息与小结"剖面信息库修改

6.2.4 剖面柱状图绘制

在绘制剖面柱状图前，可以对图形绘制参数进行选择，比如在顶底绘制选择中选择"由顶到底"，生成的柱状图为新地层在上、老底层在下（图6-10）。比例尺根据全图比例设置。

图 6-10 图形绘制参数设置

在绘制剖面柱状图前，还可以对柱状图样式进行设计，可以修改标题注释或者内容注释的参数（图6-11），生成初步的柱状图（图6-12）。如果部分层由于地层太薄，岩性描述与上、下层重叠，点击"剖面分层花纹代码编辑"，设置相应层或上、下层的虚厚度，虚厚度只会改变文字描述部分的横格高度，而不会改变花纹部分的高度。

可以双击任一层进行参数修改，更改标题注释参数和内容注释参数。如果有部分地层厚度太大，也可以选用"柱状图压缩"来缩减花纹的高度，直到生成满意的柱状图（图6-13）。

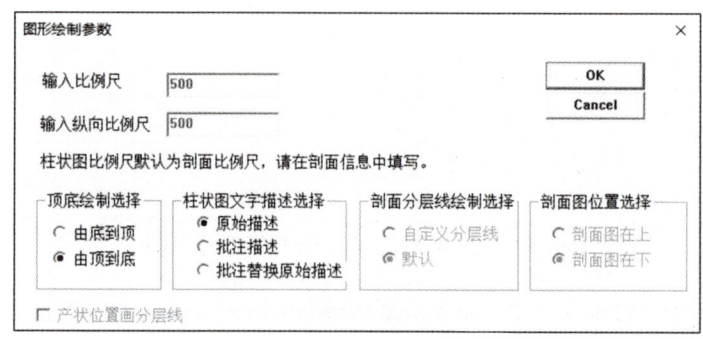

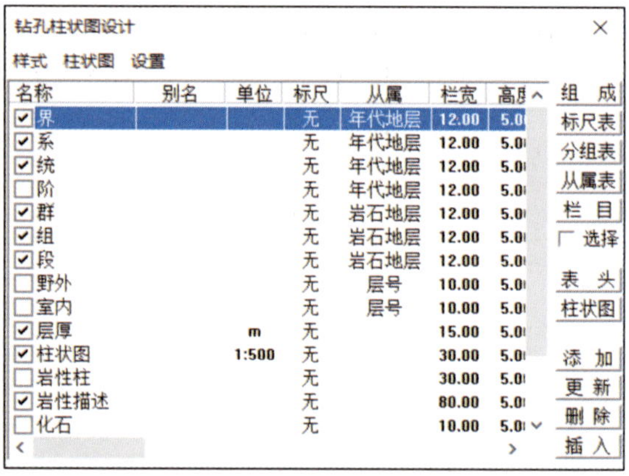

图 6-11 钻孔柱状图设计

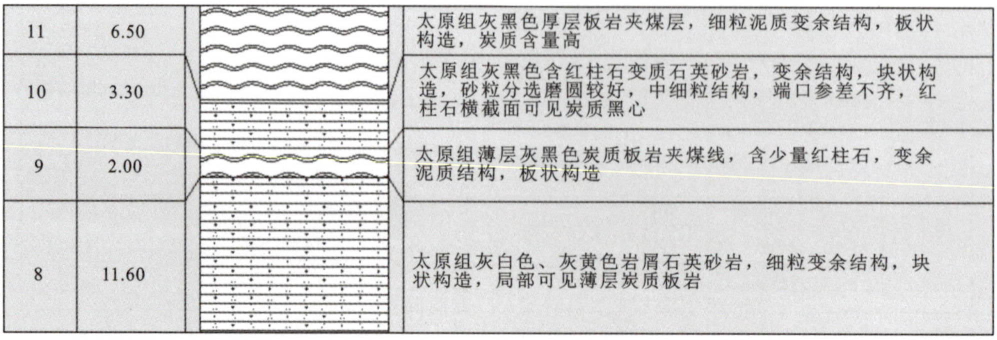

11	6.50		太原组灰黑色厚层板岩夹煤层，细粒泥质变余结构，板状构造，炭质含量高
10	3.30		太原组灰黑色含红柱石变质石英砂岩，变余结构，块状构造，砂粒分选磨圆较好，中细粒结构，端口参差不齐，红柱石横截面可见炭质黑心
9	2.00		太原组薄层灰黑色炭质板岩夹煤线，含少量红柱石，变余泥质结构，板状构造
8	11.60		太原组灰白色、灰黄色岩屑石英砂岩，细粒变余结构，块状构造，局部可见薄层炭质板岩

图 6-12 初步柱状图

太平山南坡实测剖面地质柱状图
1∶500

年代地层			岩石地层		层厚/m	柱状图 1∶500	岩 性 描 述
界	系	统	群	组	段			
上古生界	奥陶系	中统		马家沟组		9.50		马家沟组灰岩,灰白色厚层灰岩,泥晶结构,块状构造
	石炭系	上统		本溪组		1.40		本溪组硬绿泥石角岩,角岩结构,块状构造,硬绿泥石呈黄绿色,细粒,断面棱角状,断面参差不齐
						5.00		本溪组红柱石角岩,角岩结构,块状构造,红柱石为白色长柱状,断面呈四边形,接近正方形,部分断面可见炭质黑心
						13.20		本溪组杂色板岩,中细粒泥质、砂质板岩,灰色—深灰色,黄色—黄灰色,褐色、红色,变余结构,中薄层板状构造,层内颜色较均一,层间颜色不一
						10.00		本溪组含生物碎屑灰岩,灰白色—灰色,泥晶结构,块状构造,局部含炭质呈灰色
						3.90		本溪组灰黄色黄铁矿压力影板岩,变余泥质结构,可见黄铁矿假晶构成的压力影构造,粒径一般为0.2～0.5cm
						5.50		本溪组灰色含砂红柱石角岩,砂质含量较高,10%,变余泥质结构,板状构造,红柱石断面上常见炭质黑心
	二叠系	下统		太原组		10.50		太原组灰白色、灰黄色岩屑石英砂岩,细粒变余结构,块状构造,局部可见薄层炭质板岩
						2.00		太原组薄层灰黑色炭质板岩夹煤线,含少量红柱石,变余泥质结构,板状构造
						3.30		太原组灰黑色含红柱石变质石英砂岩,变余结构,块状构造,砂粒分选磨圆较好,中细粒结构,端口参差不齐,红柱石横截面可见炭质黑心
						7.50		太原组灰黑色厚层板岩夹煤层,细粒泥质变余结构,板状构造,炭质含量高
						34.40		太原组灰黄色中薄层粉砂质板岩,细粒变余泥质结构,薄层板状构造,夹少量灰黑色炭质板岩,下部新鲜面呈鹅黄色,上部灰褐色
				山西组		10.80		山西组灰黄色、灰色中厚层变质岩屑砂岩,中粗粒,变质结构,块状构造

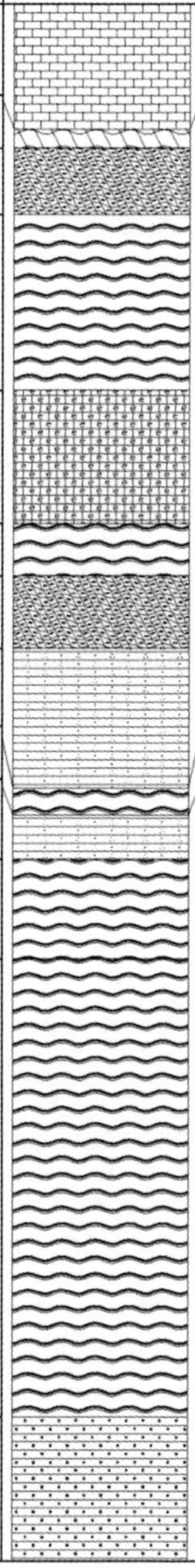

图 6-13 完整的地质柱状图

复习思考题

(1) 地层柱状图的基本概念是什么？

(2) 分别简述一般地层柱状图和综合地层柱状图的绘制原则。

(3) 制作地层柱状图中需要录入的剖面信息主要有哪些？

(4) 简述自选产状剖面厚度计算的目的。

(5) 简述柱状图花纹信息录入时的注意事项及操作步骤。

(6) 简述利用数字地质调查信息综合平台（DGSInfo）生成剖面柱状图的基本流程。

7 实际材料图绘制

7.1 实际材料图概述

7.1.1 基本概念

实际材料图(Map of Original Data)是一种在地形图上通过线条、符号和花纹等方式表示各种地质要素的图件(地质部地质辞典办公室,1982)。实际材料图包括地质观测点及编号、地质路线及编号、各类样品采集点及编号、实测地层剖面位置及编号,以及山地工程和钻孔位置及编号。

实际材料图可分为综合性图件和专门针对单一工作项目的图件,由各填图组依据手绘图中的地质信息转绘,形成完整且清晰的图件。图件的定稿、清绘以及内容整理通常在阶段性整理和最终室内整理的过程中完成,以确保其准确性和可靠性。

7.1.2 特点及作用

实际材料图通过数字化手段,能够直观、准确地反映地质构造、岩层和矿产资源分布等信息。其特点为:①综合性,全面反映多项地质工作项目的实际资料;②原始性,直接来源于野外地质工作的第一手数据,确保真实性和可靠性;③符号化,采用标准化符号系统表示各类地质要素和现象,增强图件的可读性与专业性。

实际材料图可在区域地质填图中的主要作用包括:①作为编制地质图及其他相关图件的重要基础资料,为后续工作提供必要的数据支持;②用于评估地质填图过程中是否完成规定的实际工作量,并检查是否满足精度要求;③作为衡量填图工作质量的重要依据,能够判断各种地质要素及信息的可靠程度。

实际材料图作为长期保存的重要原始资料,不仅为地质工作质量的评价提供依据,也为后续图件的编制提供了可靠的基础数据。在制作实际材料图时,应确保符号和编号清晰可辨,并在不断更新中适应新的地质数据需求。

7.1.3 构成要素

实际材料图的构成要素主要包括以下几项。
(1)地质观察点:标记野外观测时记录的地质特征和现象,包括线、面等形式。
(2)样品采集点:标示岩石、矿石和化石等样品的采集位置。
(3)探矿工程:记录进行探矿作业的具体位置和相关信息。

(4)实测剖面:标示在特定地点进行的地质剖面测量信息,包括具体位置和编号。

(5)主要地质界线:如断层、褶皱和岩层界面,显示地质体之间的分界。

(6)其他地质现象:如矿化带、构造特征、沉积环境等的记录。

制作实际材料图时,应遵循一定的绘制顺序和规范,确保图件的准确性和可读性。制作流程通常如下。

(1)地质界线绘制:绘制断层、岩性界线等主要地质界线。

(2)检查与修正:通过拓扑检查等进行自查和修正,确保地质界线的连贯性和地质体的完整性。

(3)属性赋值:为不同的地质界线赋予相应的属性。

(4)图例与标注:添加地层代号、编辑图例、比例尺、指北针,以及地质点和样品编号等信息。

以上步骤可确保实际材料图的专业性和科学性,为后续的地质研究和分析提供坚实基础。

7.2 数据导入

以新的背景图层周口店地区 1∶1 万地质图为基础,重新建立图幅文件(J50G008032),新建之前需要在 DGSSDB 文件夹中将之前的图幅号重命名或删除。

打开图幅 PRB 库初始界面(图 7-1),选择"地质填图数据操作"→"野外路线数据入库"→"单条路线入库"(图 7-2)。

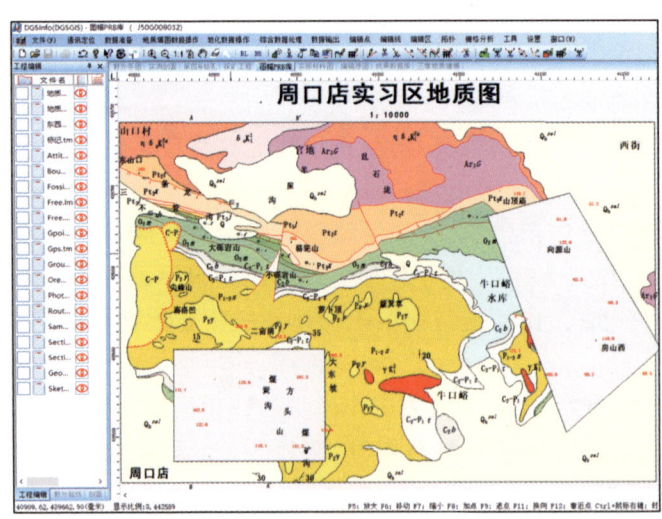

图 7-1 图幅 PRB 库初始界面

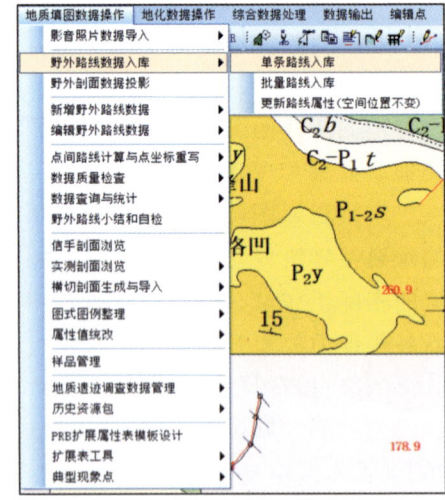

图 7-2 野外路线数据入库

将准备好的 6 条野外手图资料(PRB 过程)分别导入,导入后如图 7-3、图 7-4 所示。

参照 4.3.2 节显示路线地质点号将其移动到合适位置,使用"编辑 P 过程""编辑 R 过程""编辑 B 过程"(图 7-5)查看路线上的地层出露情况。

7 实际材料图绘制

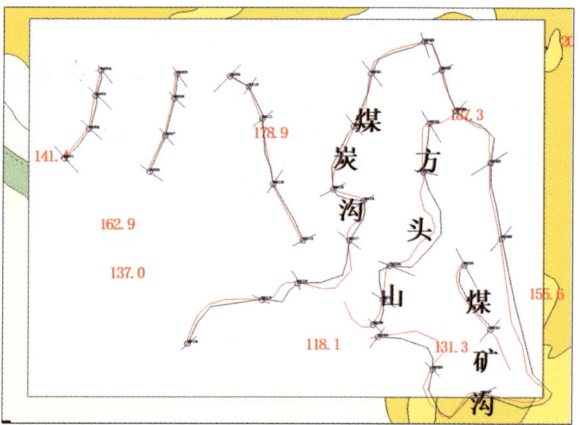

图7-3 野外手图资料(6条)　　　　图7-4 导入PRB过程

图7-5 编辑B过程

通过点击菜单栏"文件"→"更新野外总图库到实际材料图库"或者直接点击"实际材料图"视图窗口,按照提示建立实际材料图(图7-6)。

选择"工具"→"填图单位信息表",在其中输入实习区所见的所有地层信息,如地层代号、地层名称、新老顺序号等内容(图7-7)。

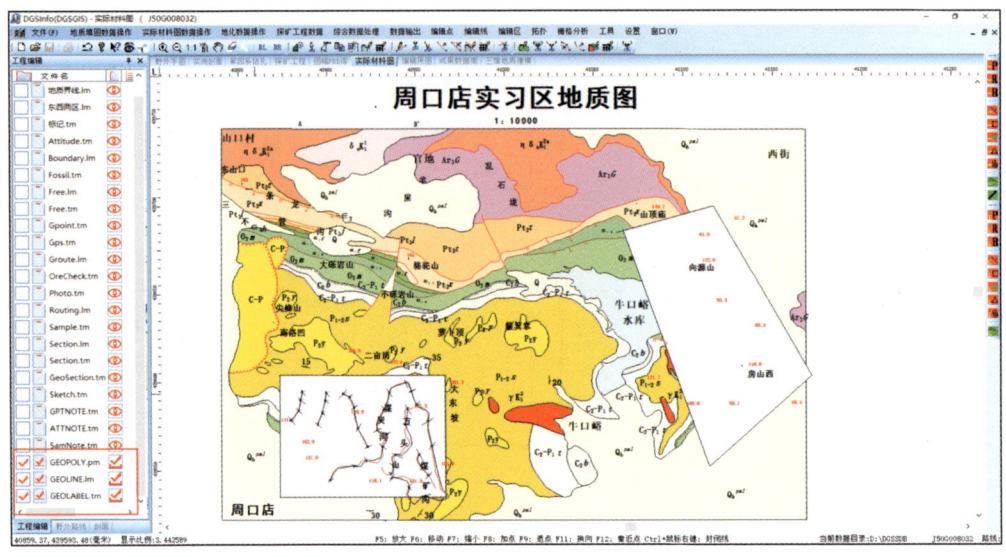

图 7-6 实际材料图窗口初始界面

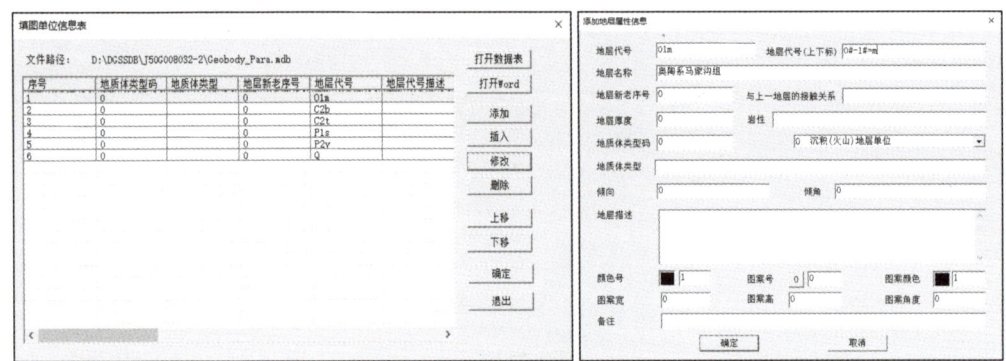

图 7-7 填图单位信息表

7.3 地质界线绘制

由于涉密原因,实习材料中无地形图数据,下文绘制过程中未考虑"V"字形法则,但在实际工作中勾画地质界线需要考虑"V"字形法则。

选择菜单栏"实际材料图数据操作"→"实际材料图工具箱"→"地质界线交互式勾绘"(图 7-8),系统将自动勾选工程编辑面板"GEOLINE.lm"图层文件。在勾绘地质界线之前,应先沿实习区范围输入一矩形边框,以保证地质界线相交闭合。

根据 PRB 过程中的信息勾绘地质图(结果不唯一,符合地质认识规律即可),勾绘过程中应先连老地层,后连新地层,连线应尽量光滑。DGSInfo 中有部分快捷键 F5(放大)、F6(移动)、F7(缩小)、F8(加点)、F9(退点)、F12(捕捉线头)可以帮助连线(图 7-9)。

7 实际材料图绘制

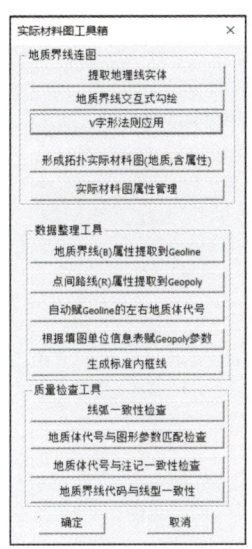

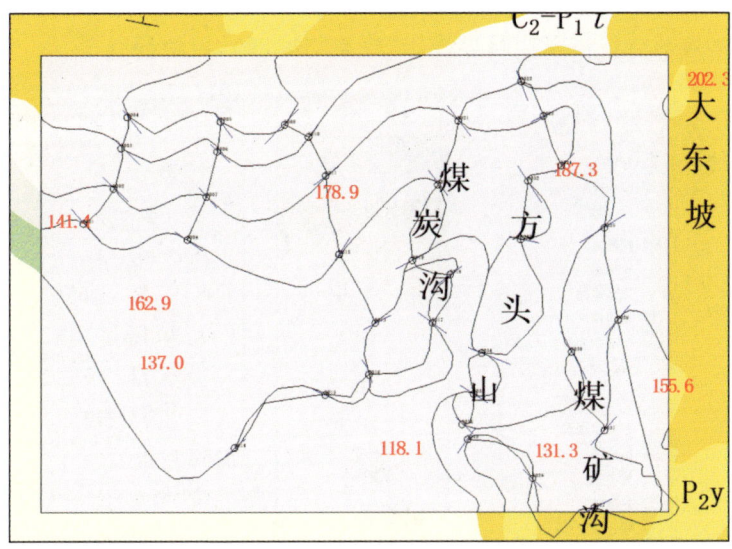

图7-8 实际材料图工具箱　　　　　图7-9 勾绘地质界线

连线完成后使用"拓扑"→"自动剪断线"和"拓扑错误检查"→"线拓扑错误检查"等功能对线进行编辑,使所有线都闭合(图7-10)。

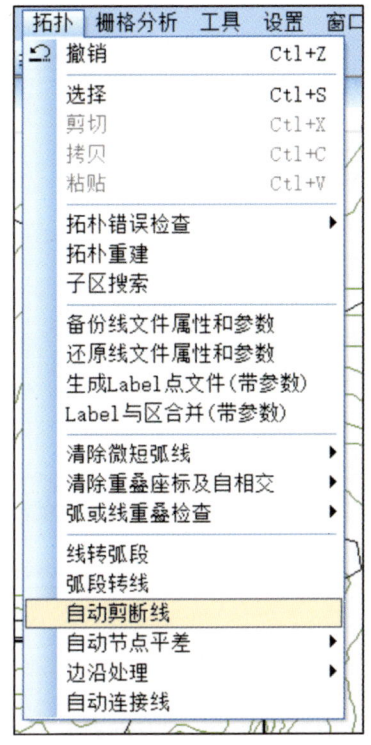

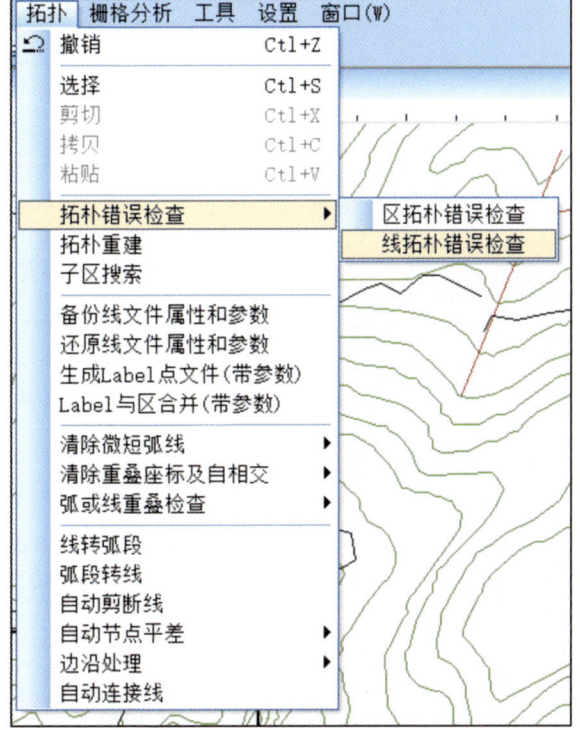

图7-10 拓扑检查

· 91 ·

使用"编辑线"→"编辑线参数"将图中的不整合接触地质界线改为虚线,线型9号(图7-11),如奥陶系与石炭系接触界线、二叠系与第四系接触界线等。

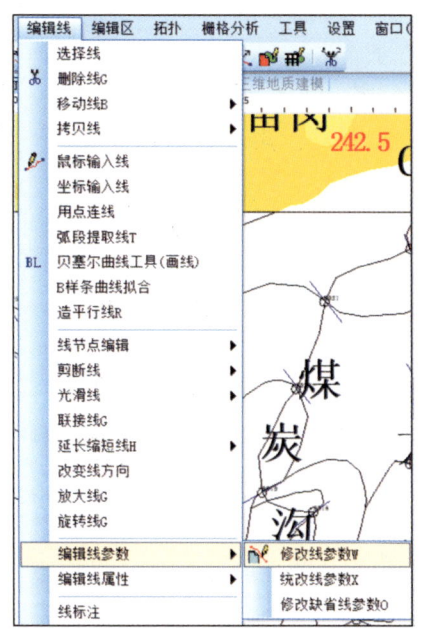

图7-11 修改线参数

如果修改线参数后,地图显示没有变化,可在"设置"→"参数设置"中勾选"还原显示"(图7-12)。"还原显示"用以显示真实的图元状态,未勾选的话则仅是示意性的显示。

选择"实际材料图工具箱"→"地质界线(B)属性提取到Geoline"(图7-8),使"Geoline.lm"和"Boundary.lm"图层文件同时处于当前编辑状态,通过按下鼠标选取位置画框的方式,分别选中一条Geoline地质界线和对应的Boundary中的界线,然后进行属性赋值(图7-13)。或者用"编辑线"→"编辑线属性"→"修改线属性"对每条线的RIGH_BODY、LEFT_BODY、RELATION进行手动输入。

对GEOLINE赋属性后,地质界线的属性如图7-14所示。

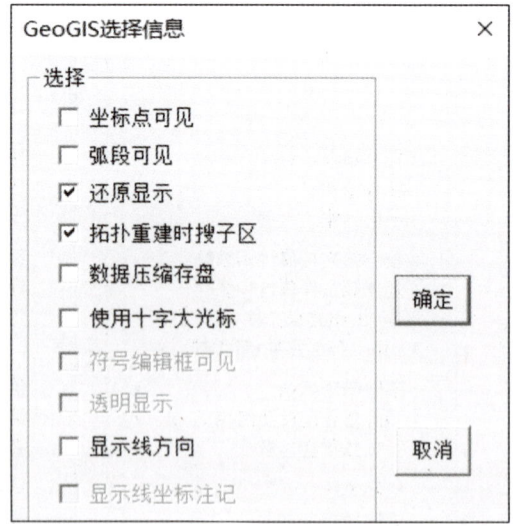

图7-12 还原显示

使用"编辑点"→"鼠标输入点"在图中添加标注,如地质代号、路线号等内容。

在菜单栏选择"实际材料图数据操作"→"实际材料图属性管理"对地质界线要素进行浏览检查(图7-15),点击"自动赋图幅号等"对地质界线赋图幅号。

7 实际材料图绘制

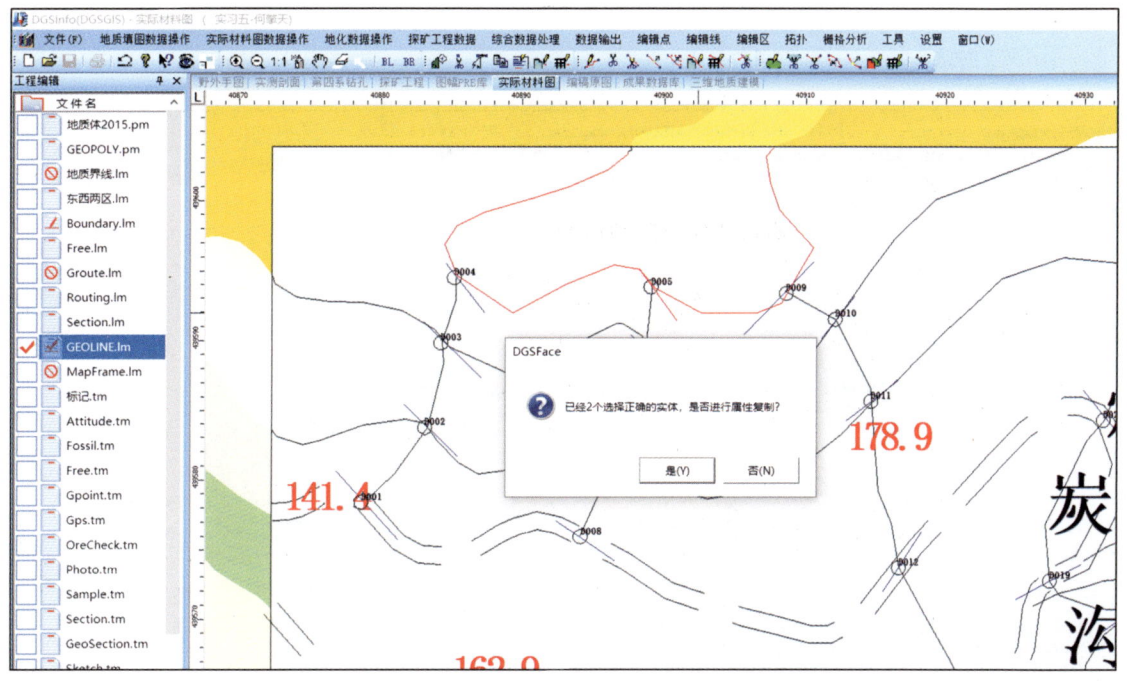

图 7-13 地质界线（B）属性提取到 Geoline 进行属性复制

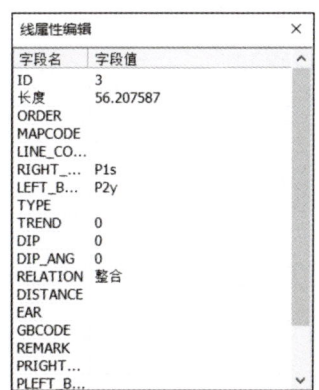 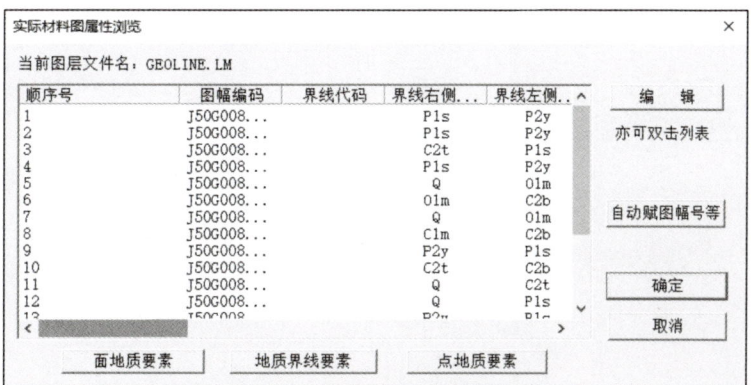

图 7-14 线属性编辑　　　　　图 7-15 实际材料图属性浏览

勾选"GEOLINE.lm"，选择"工具"→"属性联动检查"→"线文件"进行检查（图 7-16）。

图 7-16 属性联动检查

使用 DGSGIS 在图上添加图例、责任表等信息（方法参见 5.5 节剖面图修饰），制作完成后如图 7-17 所示。

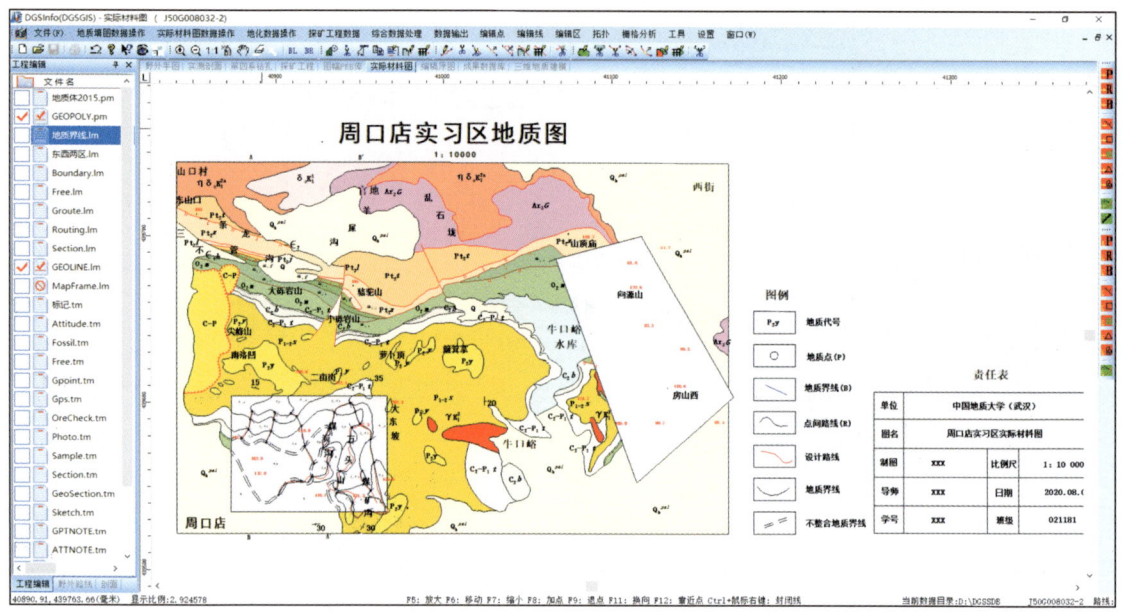

图 7-17　最终实际材料图

复习思考题

（1）如何在实际材料图中为地质界线赋属性？请详细说明操作方法。

（2）完成地质界线勾绘后，如何进行拓扑检查并进行自动剪断线操作？

（3）在实际材料图中如何添加标注（如地质代号、路线号等）？

8 地质图绘制

8.1 地质图的构成

地质图是基于实际材料图,通过对实际材料图中数据的系统整理、归纳与概括,进而形成的综合性图件,其目的在于展现区域地质特征及构造框架,是用于精确反映地质信息的专业图件,其构成严谨且科学,包含多个关键要素(图8-1)。

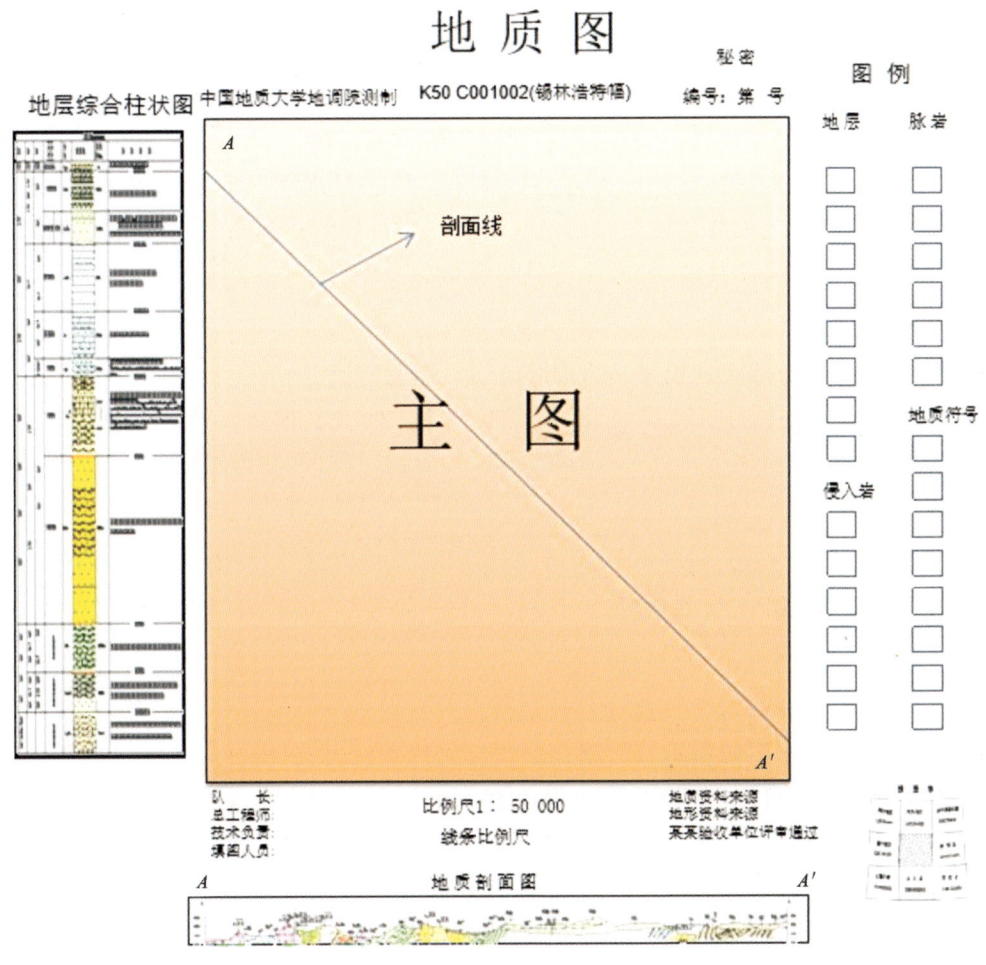

图8-1 地质图示例

1. 图幅代号

图幅代号具有高度的专业性和规范性,依据既定的地质图编号体系生成,为每幅地质图赋予独一无二的身份标识。它精准定位了地质图所对应的实地地理区域,以及在地质图编制序列中的特定位置。例如图幅代号"J50G008032",其中各部分分别代表了在1∶100万地形图的行列号、比例尺和具体图幅位置等。这种编码方式使得地质从业者能迅速、精准地检索目标地质图,实现资料的高效比对与整合。

2. 比例尺

比例尺是衡量地质图精度与信息详略程度的关键标尺。根据地质研究范畴、应用场景及实地勘查需求,地质图比例尺呈现多样化。大比例尺(如1∶1万)适用于小型矿区精细勘查,能清晰呈现地质细节;中比例尺(如1∶5万)在区域地质调查中占据主流,平衡了覆盖范围与呈现精度;小比例尺(如1∶25万)则侧重于宏观视野,服务于大范围地质构造格局剖析。

3. 接图表和责任表

接图表表示当前图幅与周边相邻图幅的相对位置关系,责任表则记录了制图单位、制图人员、编图日期、资料来源等信息,为地质图的审核、问题溯源、资料更新提供了依据。

4. 主图(地质图)

主图是地质图的核心展示部分,以高精度和丰富信息呈现测区地质全貌。通过精准测绘的地质界线,清晰界定地质体的分布疆域。配合地质符号体系和图例说明,主图可以直观地呈现褶皱形态、断层力学性质、岩石类别等地质信息。

5. 地质剖面图

地质剖面图是通过将大地沿某一方向切开,展示切开断面上岩石类型、岩层形态及地质构造等信息的图示。它与主图配合使用,可帮助地质工作者实现从二维平面到三维空间的过渡理解,深入解析地质演变过程,并精确预测矿产资源可能的赋存位置。

6. 地层柱状图

地层柱状图是按一定比例尺和图例,自下而上(即从老到新)将工作区各地层的岩性、厚度、接触关系等现象,用柱状图表的方式表示出来的图件,也称柱状剖面图(宋青春等,2005)。

7. 角(子)图

角(子)图灵活展示图幅所承载的调查重点与独特亮点内容(图8-2),常见类型包括以下3种:①大地构造位置图,从宏观视角展示测区所处的大地构造单元和板块边界互动关系;②层序地层格架图,聚焦于地层沉积序列的精细剖析,助力预测沉积矿产资源分布规律;③构造演化模式图,按照时间序列梳理、整合与可视化呈现测区地质历史进程中的关键事件。这些构成要素共同构成了地图这一专业且精确的地质信息展示平台。

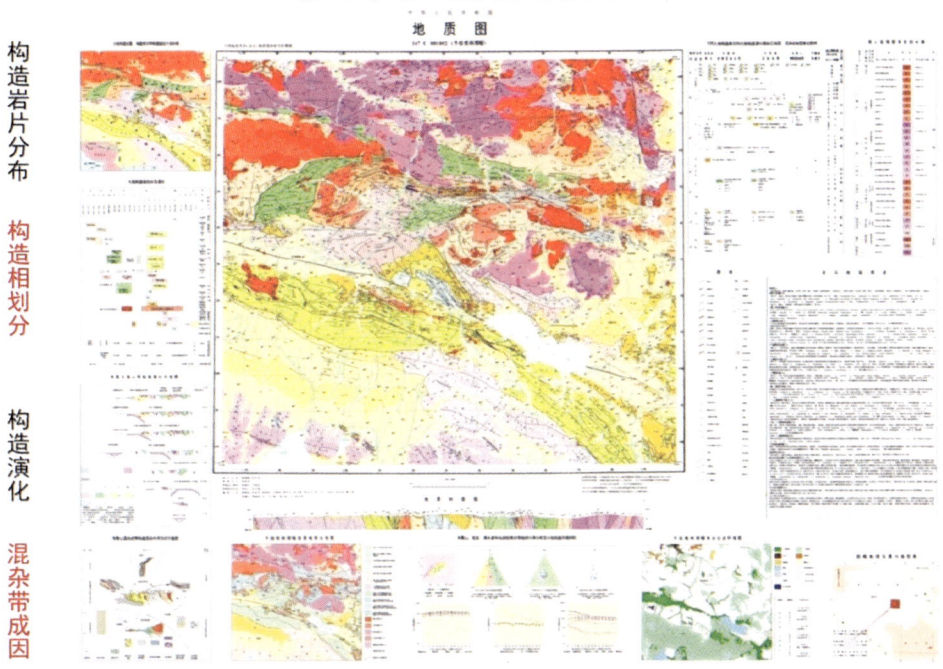

图 8-2 示例角(子)图

8.2 地质图的绘制

在实际材料图窗口,通过"文件"→"更新实际材料图库到编稿原图"或者直接通过双击"编稿原图"进行更新切换(图 8-3)。

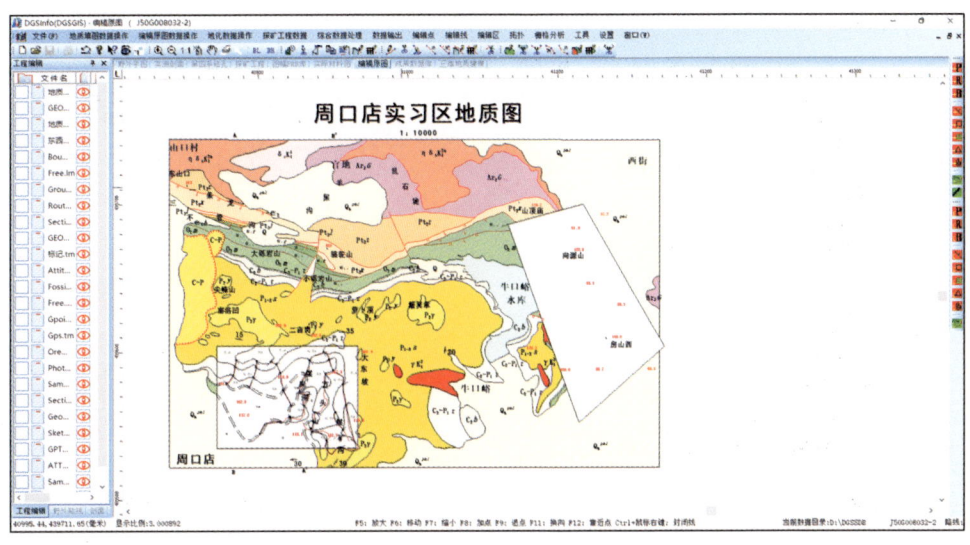

图 8-3 编稿原图初始界面

选择要复制到编稿原图中的图层文件(图8-4),由于地质图和实际材料图的图例不同,所以在选择文件时可以将图例责任表去掉。

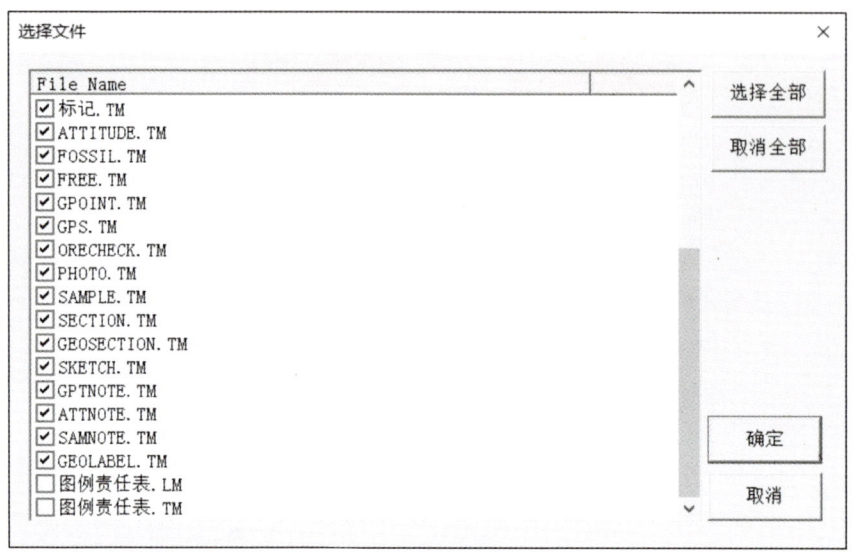

图8-4 选择文件

将"GEOLINE.lm"和"GEOPLOY.pm"图层文件置于当前编辑状态,将线文件缩放至合适大小,点击"编辑区"→"线工作区提取弧段",然后利用鼠标选择所有的线(包括图框的矩形),即完成线到弧段的拷贝,可在"设置"中勾选"弧段可见"查看。

在菜单栏选择"拓扑"→"线转弧段"功能,先将所有弧段保存为一个临时区文件(图8-5)。再在工程编辑面板添加此区文件,按键盘"Ctrl"键选择"GEOPOLY.pm"和此区文件,选择"合并所选项"将两者合并(图8-6)。

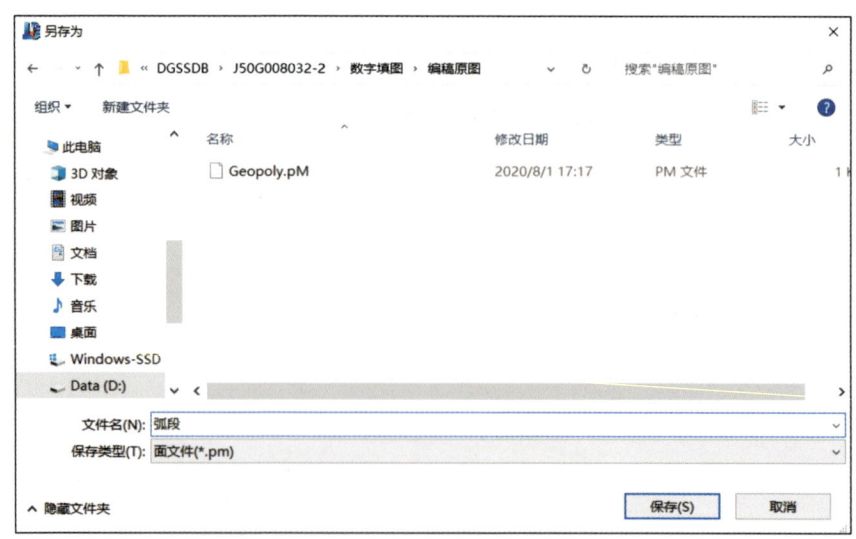

图8-5 临时区文件

合并文件名选择"GEOPOLY.pm",目标属性结构也选择"GEOPOLY.pm"文件(图 8-7),因为系统自动生成的"GEOPOLY.pm"文件属性定义更完整。如此可将"弧段.pm"和 GEOPOLY.pm 的内容合并到"GEOPOLY.pm"文件中。

可以关闭其他图层文件,仅保留"GEOPOLY.pm"并在设置中勾选"弧段可见"查看(图 8-8)。

选择"拓扑"→"拓扑重建",可根据弧段自动建立面实体(图 8-9)。此时的面实体没有属性,颜色也是随机的。

在菜单栏选择"拓扑"→"拓扑错误检查"→"区拓扑错误检查"对生成的区进行检查。

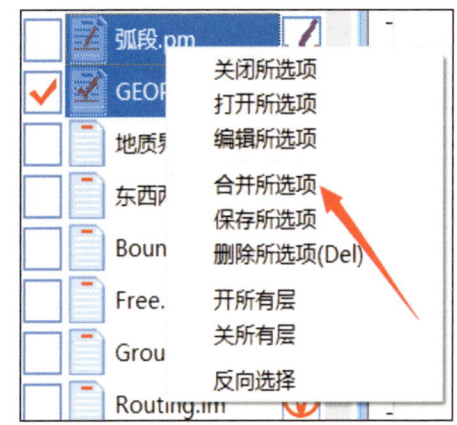

图 8-6 合并所选项

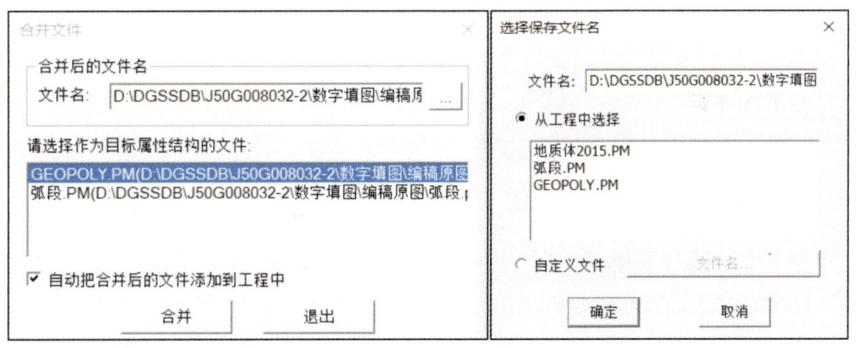

图 8-7 合并文件

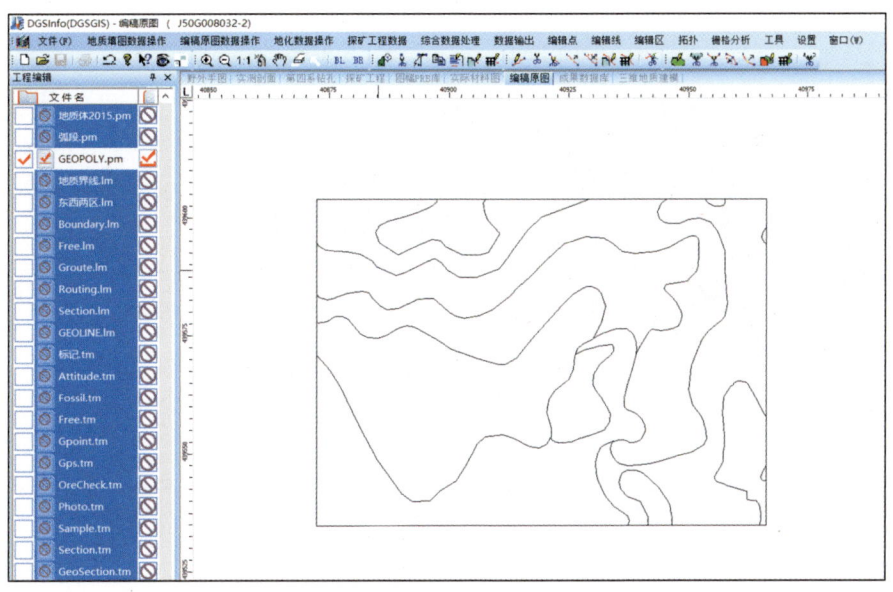

图 8-8 "GEOPOLY.pm"中的弧段

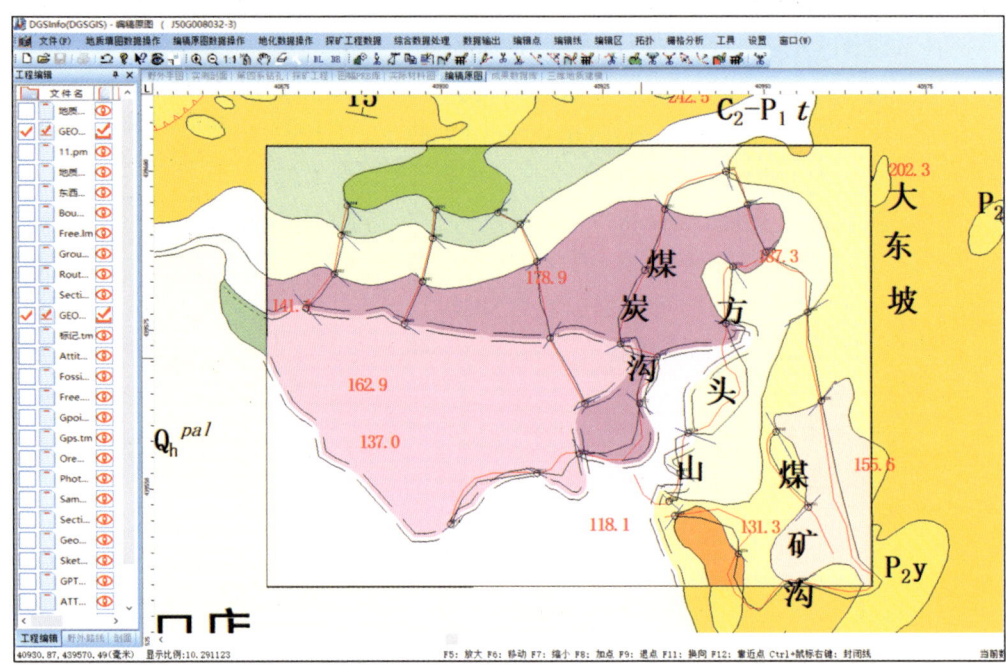

图 8-9 拓扑重建

在菜单栏"编稿原图数据操作"→"编稿原图工具箱"中选择"点间路线(R)属性提取到 Geopoly",按提示对所有的区赋属性(图 8-10)。

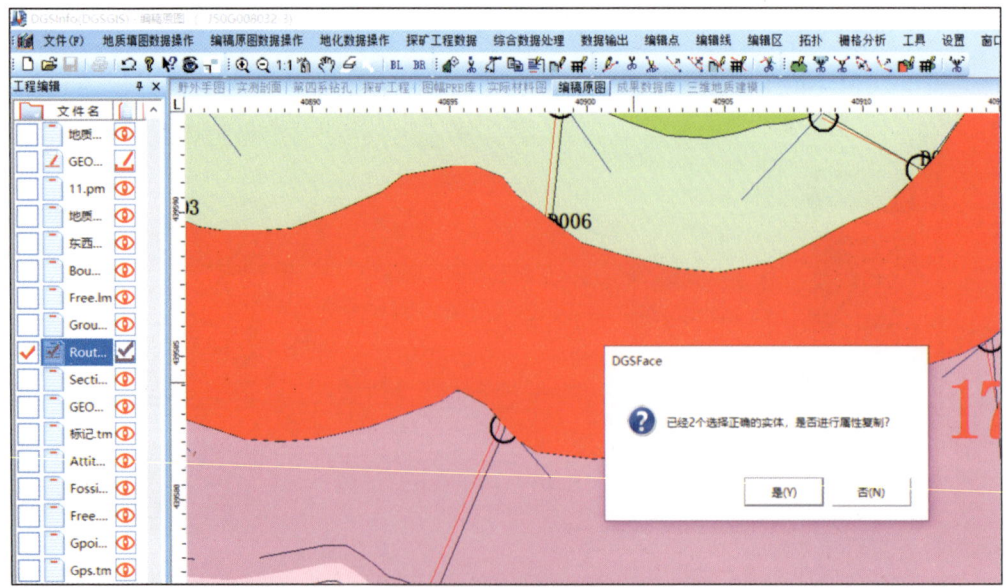

图 8-10 点间路线(R)属性提取到 Geopoly

8 地质图绘制

同样地,这一步也可以在"修改区属性"中完成,修改完成后属性中的"STRAPHA"将被赋予地质代号(图8-11)。

在"编稿原图工具箱"中选择"自动赋 Geoline 的左右地质体代号"(图7-8),将从"GEOPOLY.pm"中提取的地质体代号赋值至"Geoline.wl"中(图8-12)。

选择"工具"→"填图单位信息表",按表8-1规定颜色完善填图单位信息。

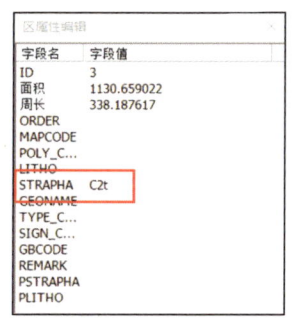
图8-11 区属性编辑

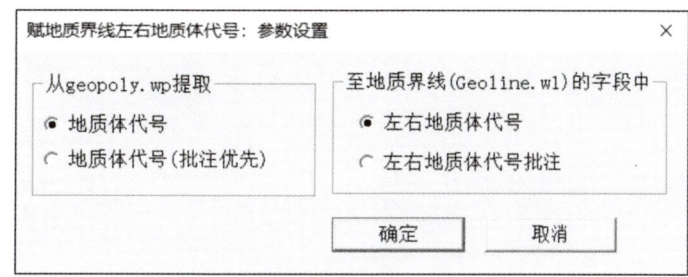
图8-12 赋 Geoline 左右地质体代号

表8-1 填图单位颜色代码

地层名	杨家屯组	山西组	太原组	本溪组	马家沟组	第四系
代号	P_2y	P_1s	C_2t	C_2b	O_2m	Q
颜色代码	796	815	825	826	963	601

选择"编稿原图工具箱"→"根据填图单位信息表赋 Geopoly 参数",即可将设置好的颜色赋给各个区。最后,添加图例责任表等修饰后,地质图便绘制完成了(图8-13)。

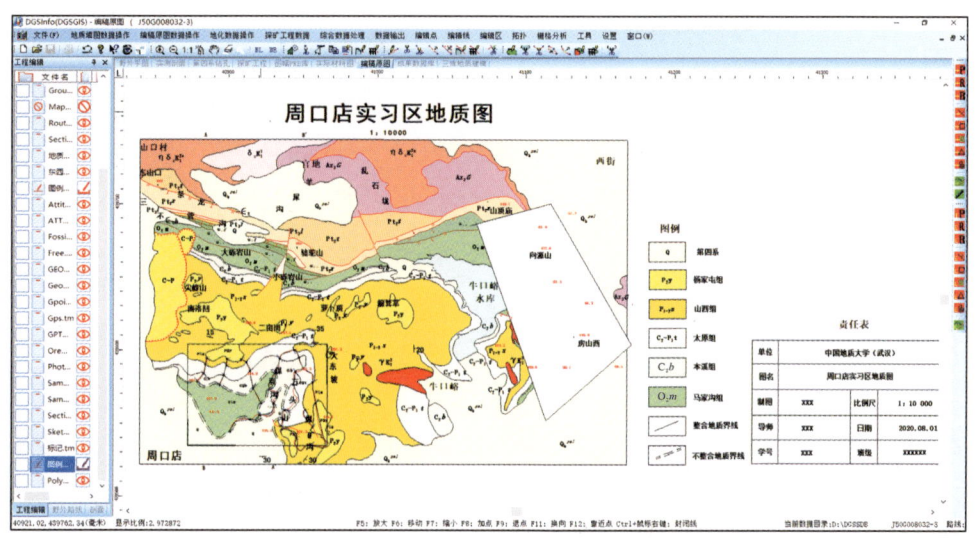
图8-13 周口店实习区地质图

复习思考题

(1) 在地质图绘制过程中,如何为地质体赋予属性?有哪些具体方法和步骤?

(2) 地质剖面图在地质研究中的重要性体现在哪些方面?

9 人工智能地质图成图技术方法

9.1 基本内容和概念

9.1.1 相关基本概念

地质填图对象泛指地质工程师在填图过程中所研究、处理的对象,通常具有单一的地质特征和一定的几何形状或分布范围,如填图单位、岩性、构造、蚀变、岩脉、火山结构等。

地质填图对象的特征载体泛指承载地质对象的空间特征、物性特征、化学特征和遥感特征等的数据,如地球化学数据(造岩氧化物、造岩元素、常量元素、微量元素数据)、地球物理数据(地震弹性波、重力、地磁、地电、地热和放射能等数据)、遥感数据(多尺度不同传感器形成的图像)、地形地貌数据(DEM、植被)和其他反映地质对象特征的数据。

地质填图知识是指地质人员经过综合研究(包括地质理论、地质特征、实验鉴定等相关的内容)给出的地质对象分类的结论(如填图单位、岩性、地质构造、古火山机构)。需要注意的是,在人工智能地质图成图技术中,地质对象的分类、空间分布形态、特征和关系是地质对象知识最直观的表达。知识是信息的最终产物,因此只能作为机器学习的目标,但不能作为特征提取的数据。

地质填图知识载体泛指承载地质知识的数据载体,一般特指包含地质人员认知而形成的数据,数据的质量受地质人员自身能力影响。地质填图知识的主要来源和组成为:①地质图(含地质报告等);②实际材料图(PRB库);③野外手图(PRB电子手图);④填图单位;⑤填图单位岩性(含薄片鉴定);⑥地质构造(如古火山机构等);⑦特殊地质体;⑧地质路线(PRB数据);⑨剖面;⑩其他分析报告。

9.1.2 人工智能地质图成图技术

人工智能地质图成图技术核心就是把近百年地质人员填图的方法、经验和知识形成可计算的知识库,通过人工智能将各种原始数据转化为高维特征表达,最大化融合相关填图单位的岩性和专业(涉及地物化遥)、多模态(矢量数据、栅格数据或空间数据和属性数据)、多尺度的数据(最高精度为0.8m,一般精度在10~2000m之间),可反映地表及一定深度下(去部分掩盖层)等地质特征的数据,精度最大化地预测地质填图单位,最终使地质图最基本的地质对象——填图单位及岩性在空间的分布形态和展布方向、分布位置、地质对象之间的相邻关系等指标可以将准确性最大化地体现和表达(李超岭等,2024;Li et al.,2024)。这项技术突破后,将彻底变革现有地质调查工作模式,形成集地质路线+地质知识图谱+地质大数据+深度学习算法于一体的新型地质填图模式。

9.1.3 人工智能地质图成图技术方法解决的主要科学问题

区域地质填图从创始至今,野外地质路线调查仍是地质填图不可缺少的手段和方法(Thorleifson et al.,2010)。这是因为最原始地质图形成过程就是将各条填图路线中的各地质点、点和点间界线及分段路线,根据所观测到的内容(如岩性)的相似性、地质体产状及区域地质构造现象等,按所确定的填图单位,在地理底图上合理地互相连接起来,圈绘出地质体和地质现象的过程。由于地质路线密度有限,地质体的大部分边界是通过一定的规则预测连接的,其连接的准确性、合理性和精度不仅受地质人员的主观和专业水平影响(Sturkell et al.,2008),还受填图区的客观条件(如露头)约束,主要存在如下问题。

(1)辅助提升野外地质调查人员的填图能力。野外地质调查专业性特别强,涉及的地质学科广泛,因此野外调查人员必须具有3~6年的填图经历,才能具备独立填图能力。百年地质调查工作积累的地质填图知识主要通过一代代地质前辈的"传帮带"来进行传递。如何基于百年积累的地质知识,利用人工智能等新技术,辅助提升野外地质人员的填图能力、提高预测和识别能力、大幅度提高地质调查的水平和精度,一直是地质调查行业广大地质人员最为关注的焦点和热点。

(2)一手资料获取受限而影响地质体划分与预测精度。进行野外地质调查是野外获取第一手资料的最重要手段。如对于1幅图示面积约420km^{2}的1:5万图幅,规范要求观测路线总长度一般控制在600km以上,对于艰险地区或植被发育地区,地质人员常常要冒着巨大生命危险穿越。如果无法穿越,除了参考该区域的前人资料外,只能依据一些其他手段(如遥感数据)进行综合研究,划分地质体。由于受方法所限,地质体划分与预测的能力及精度也受影响。

(3)地质路线所调查不可能完全控制地质体的边界。主要是在两两地质路线调查中,把相同填图单位或通过一定的规则分类,把地质体的边界圈出来(专业称地质连图)。可以看出,对于一个地质体来说,其大部分边界是通过一定的规则预测连接的,其连接的准确性、合理性和精度受地质人员的主观及专业水平影响比较大。另外,虽然不同比例尺填图对路线长度的要求不同,但是受地质路线不可能穿过所有出露的地质体制约,地质编图时不可避免可能会遗漏某些地质体,或不能很客观地反映地质体空间分布的形态和关系。

尤其在覆盖区填图中,地质人员受客观限制很难观察覆盖层(指浅层)下的地质体。导致地质图表达的实际地质信息不够完整和准确等。如在古火山机构研究中,火山一般经过后期构造破坏,只留下一部分弧形、扇形形迹,加上植被等覆盖原因,影响了地质人员的观察和发现。

(4)传统地质填图是在前人资料的基础上,辅以遥感图像,基本以人工穿越的地质路线为依据进行地质编图。目前,地质路线数据的利用主要局限于地表观察信息的获取,其潜在价值尚未得到充分挖掘和应用。从地质学的角度考虑,填图单位的划分以实际岩石特征为基础,强调整体岩石特征的一致性。因此,该填图单位在遥感、地球物理和地球化学资料中必然表现出相应的特点和特征。基于这个特点,经过百年的地质调查,基本形成了地质调查遥感、地球物理、地球化学海量数据,为地质图预测提供了大量训练基础数据,形成了地质图预测深度学习模型的基本条件。但是,地质路线上不同的填图单位及岩性的数据与该路线邻近区域的地球物理、地球化学、不同成像方式的遥感数据并没有完全建立起对应关系,因而面向填图单位及岩性的各种数据特征提取与地质图预测应用基本还是空白。

9.1.4　人工智能地质图成图技术特点

人工智能地质图成图技术,是将野外地质数据转化为深度学习的对象知识标签,融合多源异构的空间数据。将未知区域地质填图单元进行识别,将人工智能的成图结果提升到实测地质图水平(李超岭等,2024),其工作具有以下特点:

(1)从先有地质路线才会有地质图这一地质填图基本原理入手,采用基于学习地质人员地质路线的知识来创建标签的方法,而不是目前采用的在已有地质图上获取标签的方法。根据这个特点,AI地质图的图面内容可以根据需求来建立相应的学习标签,形成个性化、定制式的地质图件,可以根据野外调查的具体工作和未来的图件使用对象进行丰富与调整,这也正是本方法的优势所在。本次工作是以地质实体或填图对象为单位建立标签的,图面信息反映了在不同地质作用下形成的多种地质实体,可以满足地质学研究的需要。与传统地质图不同,它不包含地质学家根据地质规律推测出的图面内容,如根据多个走向一致的断层观测点而连接出的断层等,即大幅度地减少了人为因素的影响。

(2)基本与中大比例尺(1∶5万～1∶5000)地质草图、实际材料图或编稿原图的主要内容一致。特别是填图单位色标与地质图标准基本保持一致,中大比例尺人工智能地质图识别分辨率为5m,大比例尺人工智能地质图识别分辨率为1m。

(3)它基本可以全面、真实地反映各种地物(包括地质体)特征及其空间组合关系(包括新老关系和相邻关系)。

(4)提供或展示(组合和独立)每个岩石地层单位和岩石谱系单位(最细粒度可以划分到岩性)的出露形态、空间展布情况及岩性组成信息。

(5)提供或展示部分地层产状与接触关系信息。

(6)可以反映主要构造的形态、空间展布、活动性以及彼此间的成生联系信息,如火山机构、背向斜等褶皱。

(7)可以反映区域性大断裂带的空间位置以及它在一定地质历史时期里的迁移演变情况信息,如糜棱岩。

(8)提供或展示部分第四系浅覆盖之下的地质对象(岩性)的空间展布信息。

(9)提供或展示部分中生代火山岩盖层之下的区域性大断裂的空间展布信息。

(10)提供或展示部分蚀变(如黄铁矿化、硅化等蚀变)的空间展布信息。

(11)提供或展示部分水系(体)、地貌、植被等的空间展布信息。

(12)可提供或展示部分特殊地质体(地质人员关注的地质对象,如冰水沉积物)等的空间展布信息。

9.1.5 人工智能地质图技术方法应用流程

基于地质路线深度学习的人工智能地质图技术方法在应用流程上，可以与传统地质填图全过程同步开展应用，其应用流程如图9-1所示。人工智能地质图技术方法应用流程主要步骤说明如下。

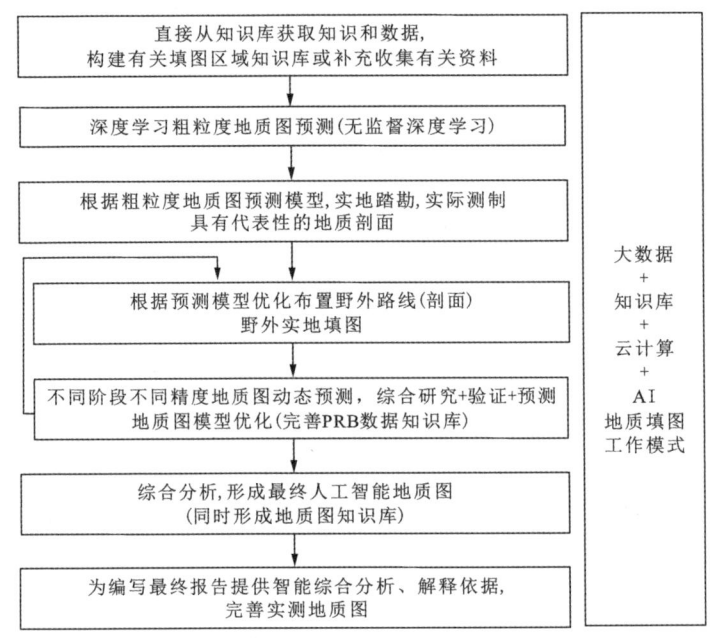

图9-1 人工智能地质图技术方法应用流程

(1)直接从知识库获取知识和数据，构建有关填图区域知识库或补充收集有关资料，同传统填图流程一致收集测区地物化遥数据资料。地质对象载体数据，特别是地质调查数据会随地质工作程度不同而受到比较大的约束。表9-1列出的数据是比较容易收集到的数据，也是深度学习地质图建模最基础的数据。在此基础上，如果可以获得更大比例尺的地球化学和地球物理数据，如增加1∶5万或更大比例尺的地球化学测量数据、地球物理测量数据，预测精度会随着这些数据的加入而提高。如果可以直接获取小比例尺路线数据(如1∶20万地质填图)，则可直接建立PRB路线知识标签(李超岭等，2003)，可跳到第(5)步直接建模。

(2)深度学习粗粒度地质图预测。如果是首次在空白区进行地质填图，则需要采用无监督深度学习人工智能地质图技术方法生成粗粒度的人工智能地质图。

(3)根据粗粒度地质图预测模型，实地踏勘，实际测制具有代表性的地质剖面，并根据预测模型优化布置野外路线(剖面)和野外实地填图。在野外工作阶段，可以以无监督深度学习人工智能地质图技术方法生成的粗粒度人工智能地质图为基础或依据，进行野外工作部署，如部署地质路线、剖面等，以便统一认识填图单位(对象)粒度和特点并给出统一代号等。

9 人工智能地质图成图技术方法

表 9-1　人工智能地质图建模常用数据

数据类型	数据内容	分辨率	维度
1∶20万地球化学测量	SiO_2、AlO_2、Fe_2O_3、K_2O、Na_2O、MgO、As、Ag、Au、Ba、Be、Bi、B、CaO、Cd、Co、Cr、Cu、F、Hg、La、Li、Mn、Nb、Ni、Pb、P、Sb、Sn、Sr、Th、Ti、U、V、W、Y、Zn、Zr(38个元素或氧化物)	2km网格	1×38
航磁10km×10km网格化数据	ΔT磁异常	10km网格	1
ALOS	RCB融合	10m	3
高分一号	RGB融合321、432波段	2m	2×3
高分三号	RGB融合	10m	3
高分六号	RGB融合321、432波段	2m	2×3
Landsat 8	RGB融合432、543、632、643、654、753、764波段	15m	7×3
S1A(哨兵卫星影像)	RGB融合	10m	3
数字高程	DEM	30m	1

(4) 不同阶段不同精度人工智能地质图动态生成。随着地质路线和剖面数量的增多，可以采用基于地质路线深度学习人工智能地质图技术方法生成细粒度人工智能地质图。通常当地质路线覆盖工作区 20%~30% 时，人工智能地质图的精度或内容就可以逐渐逼近实测地质图的精度，不同阶段不同精度人工智能地质图动态生成流程如图 9-2 所示。该流程的动态性主要体现在地质 PRB 数据的数量上。随着地质路线数量的增多，可以及时建模以便提供不同精度的人工智能地质图，方便开展野外地质填图工作，为提高填图研究精度或研究程度提供重要依据。

(5) 综合研究＋验证＋预测地质图模型优化（完善 PRB 数据知识库），综合分析形成最终人工智能地质图（同时形成地质图知识库）。由 9.1 节可以看出，人工智能地质图可以提供比人工实际

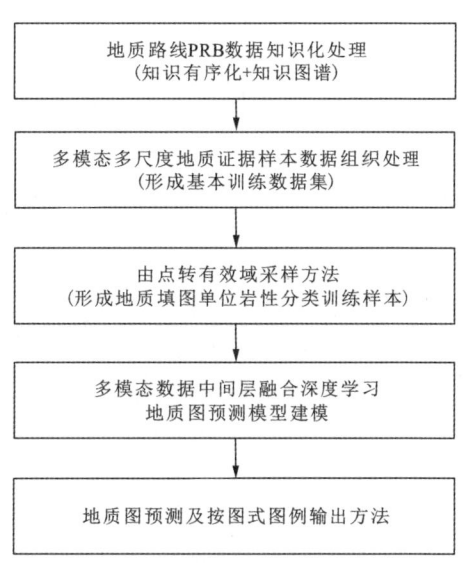

图 9-2　不同阶段不同精度人工智能地质图动态生成流程

连图要多得多的信息。当拿到一幅人工智能地质图时，地质人员应根据深度学习地质填图精度评价指标表来评价人工智能地质图，深度学习地质填图精度评价指标设计详见表 9-2。

模型评价指标主要体现建模的数学精度，如果数学精度不高，应及时分析标签数据是否合理，一般多是由于知识粒度的不一致。例如不同填图单位岩性共存，即两者为包含关系，

导致特征提取未能达到最佳,具体要求可以参见后续章节。在建模的数学精度达标的基础上,地质人员应重点对应用评价指标进行评价,对新发现问题(即与地质人员认知有矛盾的地方)应进行相应的综合分析、解释和野外验证,直到最终形成人工智能地质图和对应的PRB知识库。

表 9-2 深度学习地质填图精度评价指标表

指标类型	指标内容
模型评价指标	精度指标:原始采样点及训练采样点预测计算的准确率
	平均召回率:按填图单位(或岩性)分类原始采样点及训练采样点计算的平均召回率
	训练精度曲线:模型收敛时训练集精度值
应用评价指标	预测新的出露位置且准确的地质体评价分析(指原地质草图未体现)
	预测准确的地质体评价
	预测与认识不同的地质体评价
	浅覆盖地区揭露与一定深度预测地质对象的评价
	地质体相邻关系准确度的评价
	火山机构反映程度与准确度评价
	总体构造反映程度与准确度评价
	矿化点准确度及预测能力评价

(6)编写人工智能地质图评价报告,完善实测地质图。编写人工智能地质图评价报告,为区调报告提供综合分析、解释依据及素材。

9.2 人工智能地质图自动生成模型网络结构

9.2.1 多模态融合的网络结构

人工智能地质图自动生成模型网络采用多模型融合网络结构。多模态融合是指综合来自两个或多个模态的信息进行预测的过程。在预测过程中,单个模态通常不能包含产生精确预测结果所需的全部有效信息,多模态融合过程融合了来自两个或多个模态的信息,实现了信息补充,拓宽了输入数据所包含信息的覆盖范围,可提升预测结果的精度、提高预测模型的鲁棒性(付偲等,2023;何俊等,2020)。

中间融合是指将不同模态数据先转化为高维特征表达,再在模型的中间层进行融合,可以利用算法模型的优势,提取更多的信息,有利于客观地对地质体进行识别和分类。本节采用中间融合方式,建立了多模态数据中间层融合全连接地质图预测模型网络结构(图9-3)。中间层全连接计算模型网络结构中各层的含义如下。

9 人工智能地质图成图技术方法

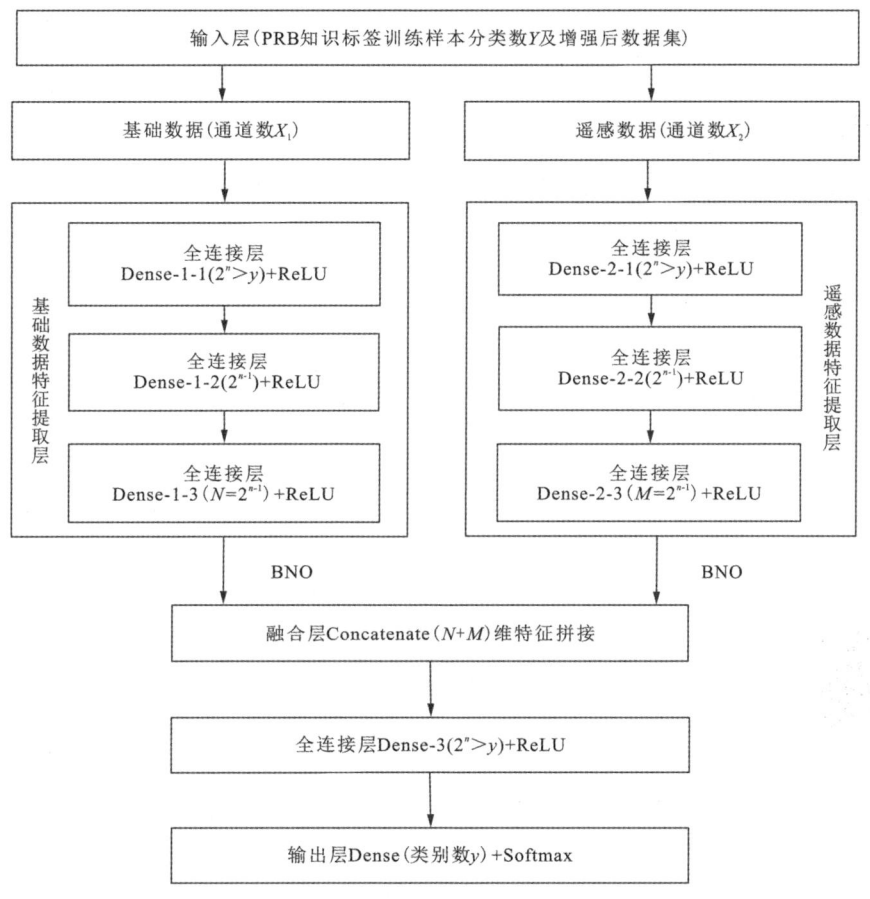

图9-3 人工智能地质图多模态数据中间层融合全连接模型结构图

(1)**输入层**:将训练采样点的基础数据和遥感数据同时通过输入层输入模型。

(2)**基础数据特征提取层**:该特征提取层由3个全连接层构成,通过全连接神经网络进行全连接操作,利用权重值来提取网络特征即基础数据特征,将原始数据转化为高维特征表达。

(3)**遥感数据特征提取层**:该特征提取层由3个全连接层构成,通过全连接神经网络进行全连接操作,利用权重值来提取网络特征,即遥感数据特征,将原始数据转化为高维特征表达。

(4)**融合层**:将基础数据特征与遥感数据特征进行特征融合。

(5)**全连接层**:利用全连接神经网络获取基础数据和遥感数据在高维空间上的共性特征。

(6)**输出层**:输出采样点预测为各类的概率值。

图9-4是人工智能地质图多模态数据中间层融合全连接计算模型网络结构图,是图9-3的另一种表现方式,体现了算法结构。

该结构主要使用深度神经网络高维度提取两种不同模态的数据特征,然后将两种特征向量进行特征拼接得到多模态特征向量,最终通过全连接神经网络完成特征融合并使用Softmax分类器(Almurieb et al.,2020)使填图对象按图例分类输出。通过试验,全连接的层数应不少于3层。

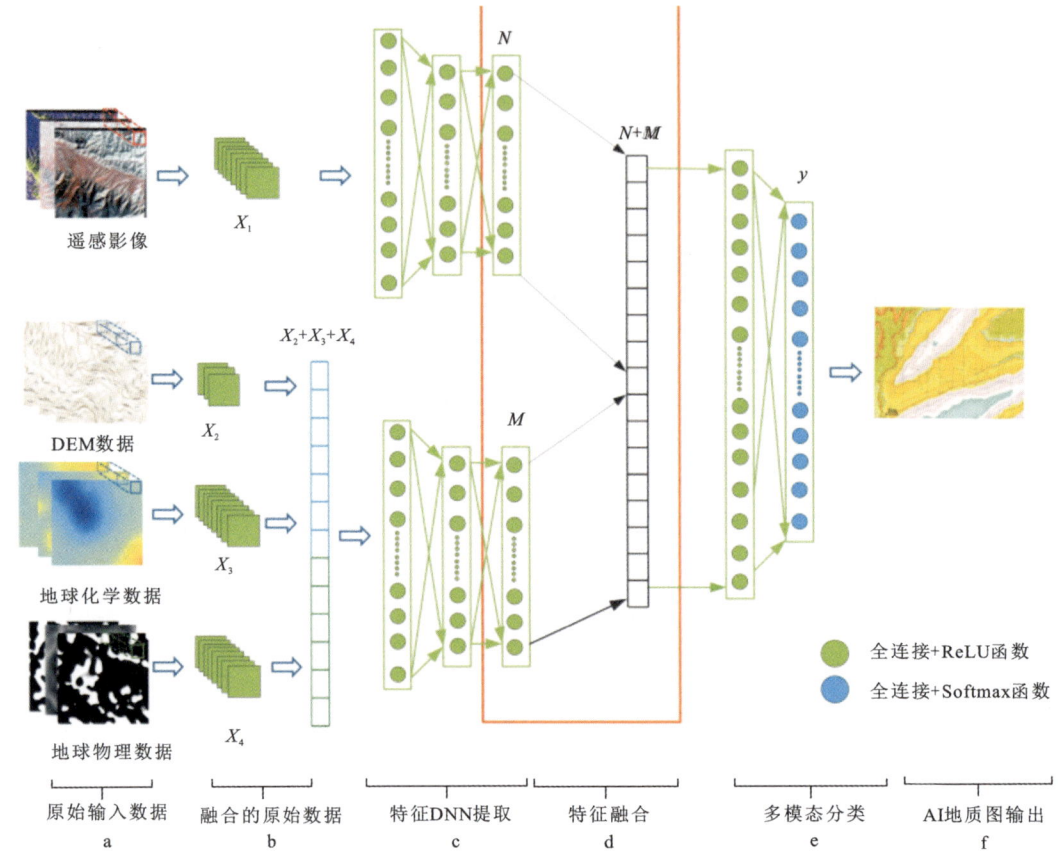

图 9-4 多模态数据中间层融合深度神经网络地质图生成模型架构

图 9-3 中 X_1 为地质专业数据的实体数；X_2 为遥感数据的实体数。Dense-1-1、Dense-1-2、Dense-1-3 这 3 个全连接层为地质专业基础数据提取特征，Dense-2-1、Dense-2-2、Dense-2-3 这 3 个全连接层为遥感数据提取特征。其中，每个单一模态提取特征的第一个全连接层神经元个数（Dense-1-1、Dense-2-1），即参数由需要分类的地质体类别数（即标签的分类数）来确定，设标签类别数为 Y，第一个全连接层神经元个数为 A，Y 与 A 的关系应满足公式 $A=2n>Y$。Concatenate 层为融合层，其输入维度和输出维度相同，其值与 Dense-1-1、Dense-2-1 的第一个全连接层神经元个数输入相同。Dense-3 获取基础数据和遥感数据在高维空间上的共性特征，输入维度和输出维度与融合层相同。Dense(Y) 为输出层。其中，Y 为 PRB 标签的分类数，也是地质对象的预测数量。

该模型结构主要使用深度神经网络提取两种不同模态的数据特征，然后将两种特征向量进行特征拼接得到多模态特征向量，最终通过全连接 DNN 神经网络完成特征融合并使用 Softmax 分类器进行地质体分类输出。主要特点如下。

（1）采用了细粒度控制融合策略，建立了两个共享特征的表示（融合层）。一是根据来自不同模态的多个特征之间的相关性，采用第一层隐藏单元的融合，将部分原始数据（地球物理、地球化学和 DEM）相关性高的模态数据集成到统一表示中，这样可以更好地利用模态相关性及互补性的特点。二是把主要的共享特征的表示或融合层放在中间第3层。该层通过 DNN 分别对两个分支(模态)得到($N+M$)高维特征向量,进行合并(拼接)模态的特征表示,从而迫使网络学习其输入的联合特征表示,即将多个不同的特征向量通过特定的映射输出为一个新的特征向量,通过高维特征挖掘跨模态信息,达到提高分类精度的目的。

(2) 分类网络仅包含全连接层。由于采用了中间融合做法,不需要任何卷积层。一方面,N 个模态预训练架构的结果是分数向量,这些分数向量已经经历了多次卷积,不需要单独再做卷积处理。另一方面,由于地质体空间分布的形态比较复杂,对于一些细窄或边缘呈枝叉状的地质体,如岩脉、火山环状构造体、次火山岩体等地质体,如果采用卷积方法提取特征,卷积窗口的大小选取对这些地质体采样影响比较大,容易出现部分地质体丢失,或空间分布形态严重失真的情况。

(3) 为了获取物化遥数据的高阶特征表达,本结构设计3层 DNN 提取数据特征,具体结构如图9-4所示。其中,3层全连接层的神经元个数采用以下原则确定:设标签类别数为 Y,第一个全连接层神经元个数为 A,Y 与 A 的关系应满足公式 $A=2n>Y$;第二个和第三个全连接层的神经元个数相同,其个数为 $2n-1$;如标签的分类数 $Y=360$,则 $n=9$;3层全连接层的神经元个数分别为512、256、256。最终,不同模态的原始数据都生成256维特征向量。

(4) 遥感影像数据反映了标签样本点附近一定范围内的空间信息与光谱信息,地球物理、地球化学及高程数据反映了标签样本点的地球物理与地球化学元素三维分布信息,不同模态数据从不同方面反映了样本点所在位置地质体的特征,通过两个共享特征的表示(融合层)整合所有模态的信息,从而提高了地质体识别的准确率。

(5) 为了增强网络的非线性表达能力,同时激活函数在前向传播的过程中过滤掉一些无用的信息,并且在反向传播中更新网络训练参数,本模型结构中所有全连接层后的激活函数都选用整流线性单元(Rectified Linear Unit,ReLU)(Nair and Hinton,2010)。

(6) 为避免过度拟合,在图9-4e所示的层可以采用批正则化或 dropout 来优化模型,类平均召回率可以提高1‰~2‰,但需要计算的时间会增加比较多(约增加全部时间的1/3)。

(7) 全连接神经网络地质图输出就是把对应图幅中每个栅格点的地质知识载体数据输入二次建模的模型,然后进行识别分类的过程。首先,需要将每个栅格点的坐标信息、识别分类及分类色标分别保存至相同识别分类文件中;然后,按照 PRB 标签体现的地质对象新老关系的顺序读取识别分类文件,按对应的位置顺序输出。

9.2.2 激活函数

激活函数是网络模型训练的关键元素之一,它主要是向神经网络中加入非线性因素,使得网络可以解决更复杂的非线性问题。考虑到 ReLU 函数(Krizhevsky et al.,2012)具有单侧抑制、单侧直通、激活边界较宽以及可以稀疏网络等特点,因此,在全连接层中均采用 ReLU 激活函数,加快网络训练并有效防止梯度弥散。由于该计算模型用于处理多分类任务,因此在输出层使用 Softmax 激活函数。

9.2.3 损失函数

损失函数用来评估网络模型对输入数据的拟合程度,其值越小,网络模型对输入数据的拟合效果越好,一般情况下,损失函数都是非负的实函数。另外,损失函数还担任着反向传播过程中网络模型参数更新的"重任",好的损失函数既可以加快网络模型收敛的速度,又可以使网络模型具有更好的性能。该模型采用解决分类问题时常用的交叉熵损失函数对其参数进行优化,并在交叉熵损失函数的基础上使用L2正则化防止模型在训练过程中产生过拟合现象,增强模型的泛化能力。损失函数公式采用:

$$\text{Loss} = -\sum_{i \subseteq c} \hat{y}_i \log(y_i) + \lambda \| \theta \|^2 \tag{9-1}$$

式中:c 为分类类别;$\hat{y}_i$ 为真实类别;y_i 为预测类别;$\| \theta \|^2$ 为 $L2$ 正则项;λ 为正则项系数。

计算模型选择随机梯度下降算法(SGD)作为参数优化器(Plagianakos et al.,2001),相较于经典梯度下降算法更新参数时遍历所有训练数据,随机梯度下降算法用单个训练样本的损失来近似表达所有训练样本的平均损失,大大加快了网络训练速度。在学习率的选择上,选择0.001作为初始学习率,学习率衰减系数为6,L2正则化系数为0.001。同时在网络训练中采用衰减学习速率的方法,即一开始采用较大的学习速率,每次参数更新后,在下一次更新参数时减小学习速率对参数进行更精细的调整。

9.3 人工智能地质图自动生成模型评价指标

针对人工智能地质图建模及应用的特点,对人工智能地质图自动生成模型采用定量指标和定性指标进行评价。定量指标针对数学模型,定性指标则基于实测地质图一致性或野外验证吻合性等内容对模型进行评价。

9.3.1 定量评价指标

统计分类模型结果评测指标一般采用准确率、召回率和精确率。本书推荐采用训练点整体召回率和类平均召回率来评价人工智能地质图的精度。

1. 整体召回率

整体召回率(Overall Recall Accuracy,$Overall_{\text{Recall}}Acc$)为所有测试集样本点中模型预测正确的样本点的占比,主要用来衡量模型整体的有效性,公式为

$$Overall_{\text{Recall}}Acc = \frac{True_{\text{Sum}}}{Num_{\text{Sum}}} \tag{9-2}$$

式中:Num_{Sum} 代表训练集采样点总数;$True_{\text{Sum}}$ 代表模型识别正确的训练集采样点数。

2. 类平均召回率

类平均召回率(Average recall Accuracy,$AVG_{\text{Recall}}Acc$)为各类地质体测试集样本点中模型预测正确的样本点的平均占比,代表类平均召回率,公式为

$$AVG_{\text{Recall}}Acc = \frac{Sum_{\text{Recall}}}{Num_{\text{Class}}} \tag{9-3}$$

式中:Sum_{Recall} 代表各类地质体的召回率总和;Num_{Class} 代表地质体类别或填图单位及岩性的类别数。

3. F1 分数指标

F1 分数(F1-score)是精确率(Precision,P)和召回率(Recall,R)的一个统一综合指标,可以避免精确率和召回率相差较大的极端情况,较好地反映整体结果。其中,精确率 P 代表预测为类 C 的样本点中标签为 C 的样本点占比;召回率 R 代表标签为类 C 的样本点被模型正确预测的样本点占比。由于本实验地质体类别较多且各类地质体参与模型训练的样本点数不同,因此将各类地质体的 F1-score 进行加权平均后得到的值(Weigted-F1)作为最终的 F1-score。相关公式为

$$P = \frac{TP}{TP+FP} \quad (9-4)$$

$$R = \frac{TP}{TP+FN} \quad (9-5)$$

$$F1 = \frac{2 \times P \times R}{P+R} \quad (9-6)$$

$$Weighted - F1 = \sum_{i \subseteq c} \frac{Num_i \times F1_i}{Num_{total}} \quad (9-7)$$

式中:Num_{total} 代表测试集样本点总数;TP 代表每类预测正确的测试集样本点数;FP 代表模型预测为类 C 但是实际不是类 C 的样本点数;FN 代表每类预测错误的测试集样本点数;C 为分类类别;Num_i 代表第 i 类地质体的测试集样本点数;$F1_i$ 代表第 i 类的 F1 分数。

9.3.2 定性评价指标

定性评价指标是指地质测绘人员根据工作经验和对测绘区域的了解,对人工智能地质模型进行综合分析和评价。这种评估在 AI 地质图与实测地质图不一致或存在重大矛盾的情况下尤其重要,可能会提供有价值的地质见解,它也可以通过现场进行验证。定性评价指标主要包括以下几项。

(1)一致性:评估 AI 地质图与实测地质图地质格架(分布形态与展布方向)的一致性。

(2)准确性:评估 AI 地质图在表示填图区域的地质特征方面的准确性,如地质体相邻关系是否准确等。

(3)完整性:评估人工智能地质图捕捉填图区域内所有相关地质信息和特征的程度。所有填图单位、构造(断层、断层带)、矿化点(或蚀变)是否能够识别。特殊地质体(指标签特别少但地质意义大的地质对象,通常是出露面积小但有特别地质意义的地质对象)预测准确度评价。

(4)可解释性:评估人工智能地质图提供可解释结果和有意义的地质解释的能力,如浅覆盖地区揭露、火山机构、特殊地质体等。

(5)新颖性:评估 AI 地质图在填图区发现或识别与前人认知不同的地质体特征能力(填图单位不一致或在新的位置发现其他地质填图单位)。

这些评估指标有助于衡量人工智能地质模型的性能和可靠性,并为进一步的改进和完善提供有价值的见解。

9.4 人工智能地质图生成工具应用

人工智能(趋势)地质图成图系统(网址:https://online.gsigrid.cgs.gov.cn/aimap/#/login)是由中国地质调查局自然资源综合调查指挥中心研发,面向一线野外调查项目,实现人工智能地质图成图的应用系统(图9-5)。系统基于业务工作阶段,提供预研究阶段进行粗粒度地质图预测(无监督深度学习)和野外调查阶段基于PRB路线生成不同阶段不同精度预测图两种应用流程。下面将根据两种情况分别进行操作说明。

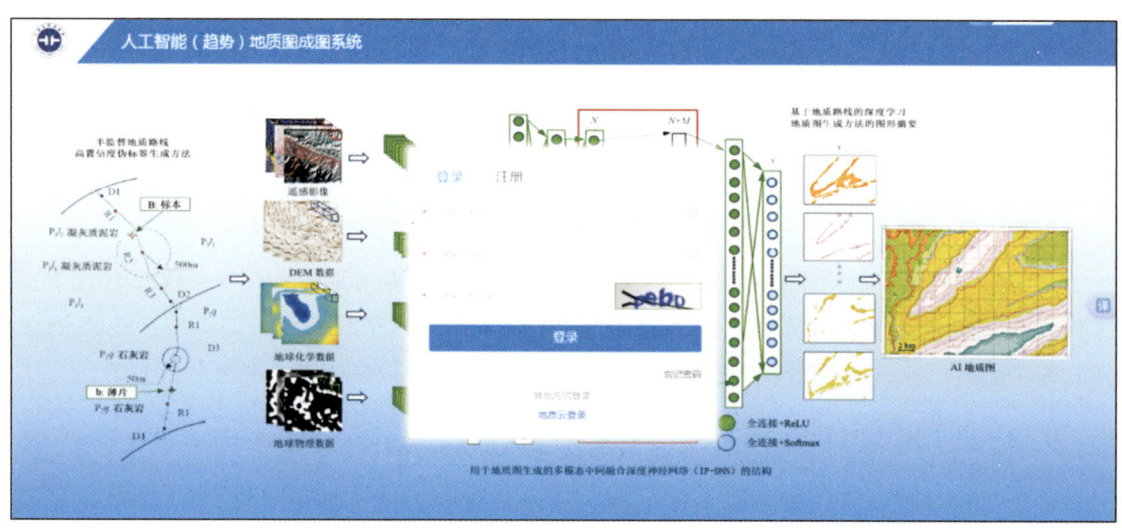

图9-5 人工智能(趋势)地质图成图系统登录页面

9.4.1 预研究阶段进行粗粒度地质图预测操作流程

按照用户的应用过程,该流程可以划分为创建项目、数据处理、任务创建和结果展示4个步骤,每个步骤的操作具体如下。

1. 创建项目

登录系统后切换到"项目管理"模块,点击"创建项目",输入项目名称并关联样本集中涉及的图幅,支持一个项目关联多个图幅。设置完成点击"确定"创建项目,可在左侧目录树中找到新创建的项目名称,如图9-6所示。

在左侧项目目录树中点击项目名称切换到该项目的功能页面(图9-7)。"项目管理"页面主要包括4个功能模块:①项目概况,查看和浏览项目的总体情况;②数据处理,基于系统提供的算法进行建模前的数据处理;③创建任务,根据作业需求进行建模方案的制订;④任务管理,对该项目下的建模任务进行统一管理。

9　人工智能地质图成图技术方法

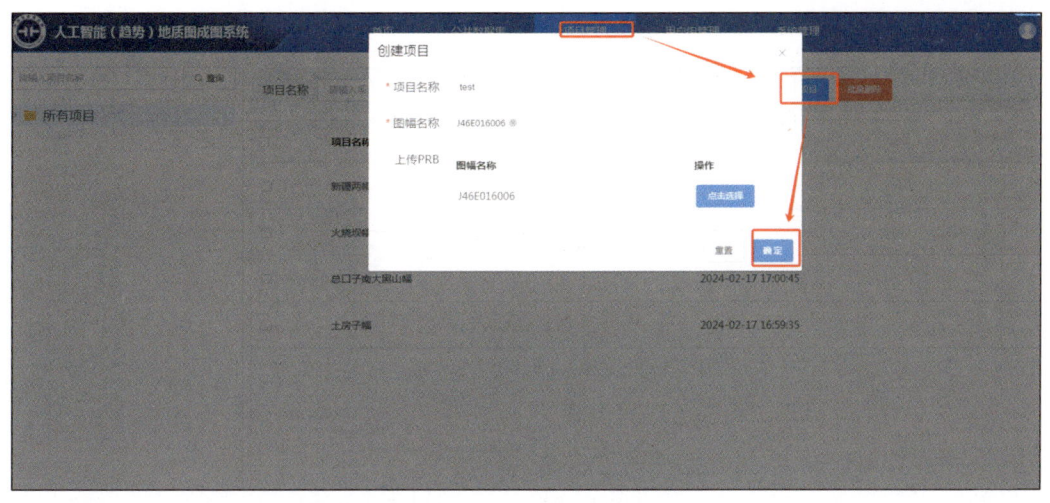

图 9-6　"创建项目"界面

图 9-7　"项目功能"界面

2. 数据处理

实现对地质填图对象的特征载体数据进行预处理，包括统一网格大小、归一化处理等，达到数据统一化和规范化，满足建模的需求。

（1）物化遥数据处理——统一网格大小：预研究阶段，物化遥数据作为地质填图对象的重要特征和容易收集的载体数据，由于数据来源和工作程度等原因，比例尺和网格大小不一，因此该阶段需要进行物化遥数据处理——统一网格大小。在左侧目录树点击待处理的项目，点击"数据处理"进入数据处理界面。选择"物化遥数据处理"下的"进行处理（统一网格大小）"，显示界面如图 9-8 所示，在物化遥数据中选择要处理的数据，统一坐标范围选择

· 115 ·

该图幅的基准范围数据,网格大小设置为处理后影像的网格大小,结果集名称为自定义的处理后的数据名称,优先级为数据处理的顺序,优先级高的优先处理。点击"保存"后,可通过"数据处理进度"查看处理状态(图9-9),处理完成后会在该界面的下端显示结果。

图9-8　物化遥数据处理——统一网格大小操作界面

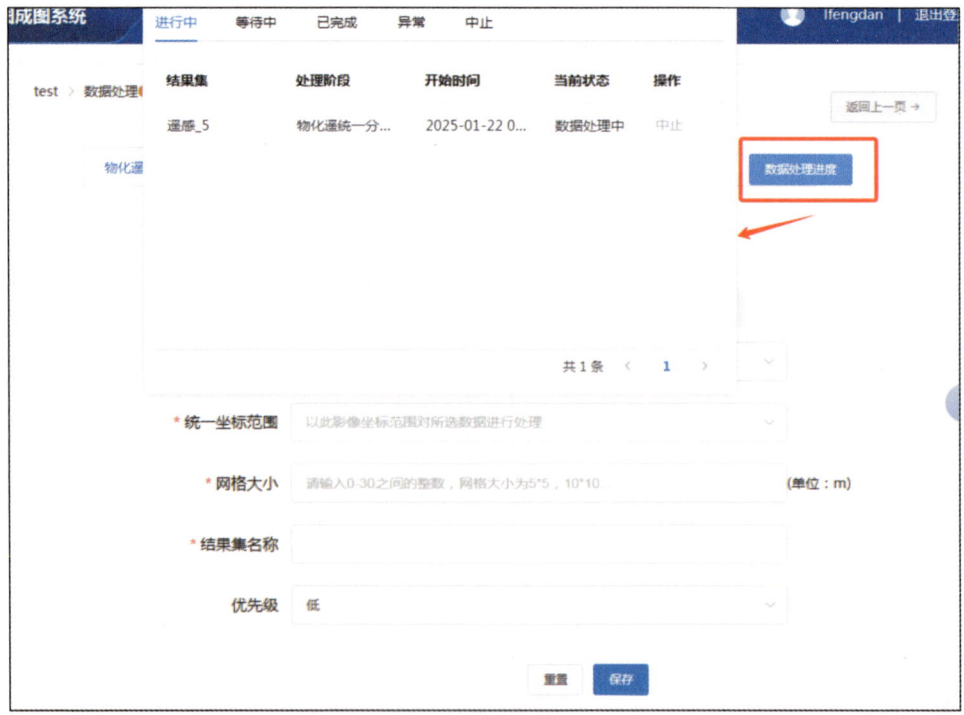

图9-9　查看处理进度界面

(2)物化遥数据处理——归一化:待步骤(1)处理完成后切换到"归一化"操作界面(图 9-10),选择处理数据和归一化方法并自定义处理后数据的名称,然后"点击保存"。保存后的处理状态仍可以在"数据处理进度"中查看。

图 9-10 物化遥数据处理——归一化操作界面

3. 任务创建

待数据处理步骤完成后,点击项目"创建任务"进入任务创建界面,如图 9-11 所示。在该页面中选择"无监督模型类型",数据类别根据数据处理中步骤(2)的处理结果进行分类选择,模型参数可设置为"默认",点击"提交"完成无监督建模任务的创建。

由于建模任务依据处理数据的内容和大小不同,建模过程的处理时间通常为 2~16h,在建模的过程中可以在"任务基本信息"中查看当前任务的状态(图 9-12),在"任务管理"中查看该项目下所有任务的状态(图 9-13),在"首页"中查看所有项目中未完成任务的状态(图 9-14)。

4. 结果展示

待建模任务完成之后,在左侧目录树中点击要查看的任务,切换到"结果展示"界面(图 9-15),对生成的粗粒度预测结果进行在线查看,并可通过点击"生成报告"生成该任务的报告。

通过"预测图展示"查看该项目下的所有物化遥(物探、化探、遥感)数据以及各任务的预测结果,可通过"卷帘"和"透明度"等功能来切换不同的对比查看方式,如图 9-16 所示。也可通过"结果对比"功能,实现预测结果与参考图件的对比,如图 9-17 所示。其中,参考图件可在"项目概况"的"实测图数据管理"进行上传与发布。

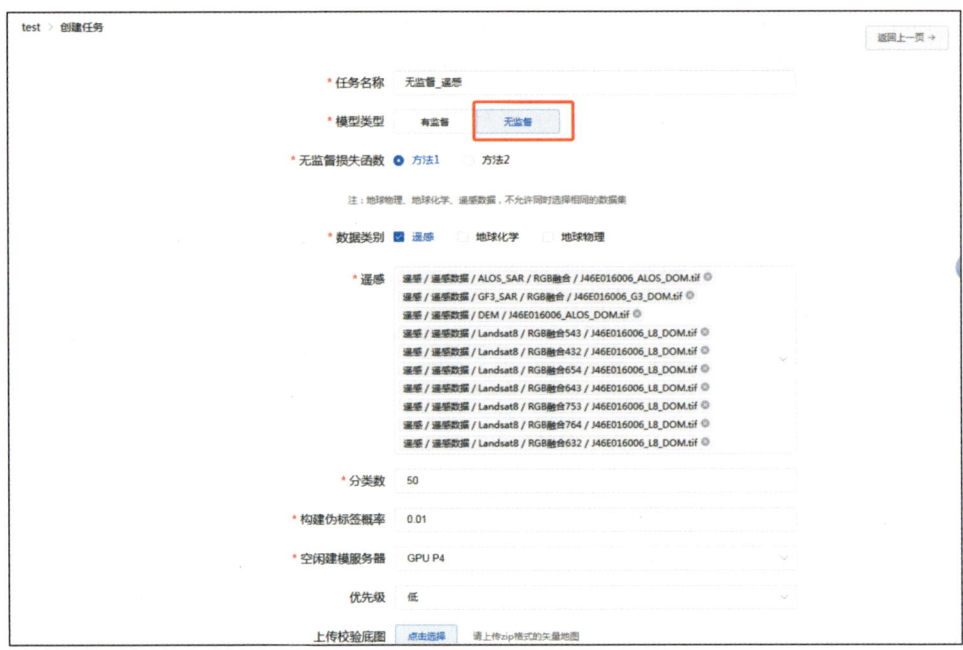

图 9-11　创建无监督任务界面

图 9-12　任务基本信息界面

图 9-13　任务管理界面

图 9-14　首页界面

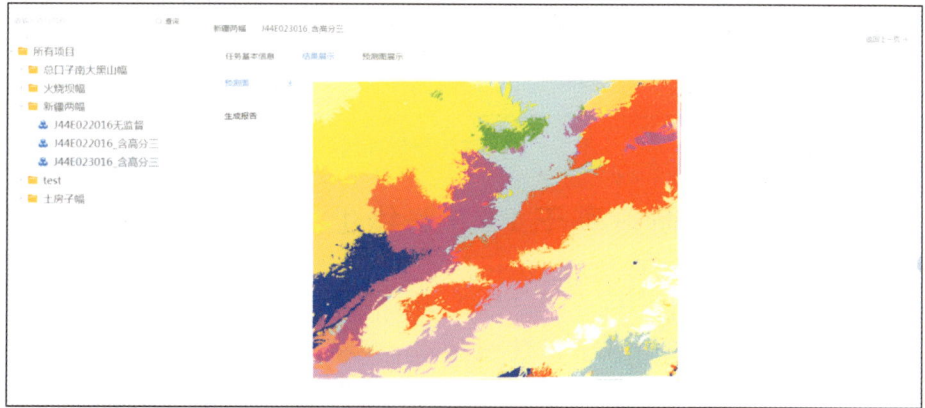

图 9-15　结果展示界面

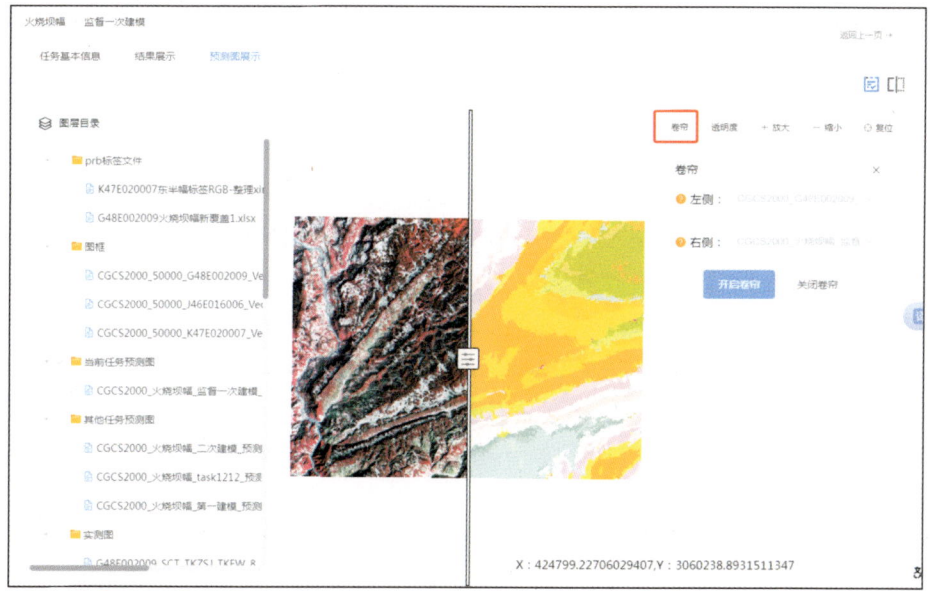

图 9-16　卷帘效果界面

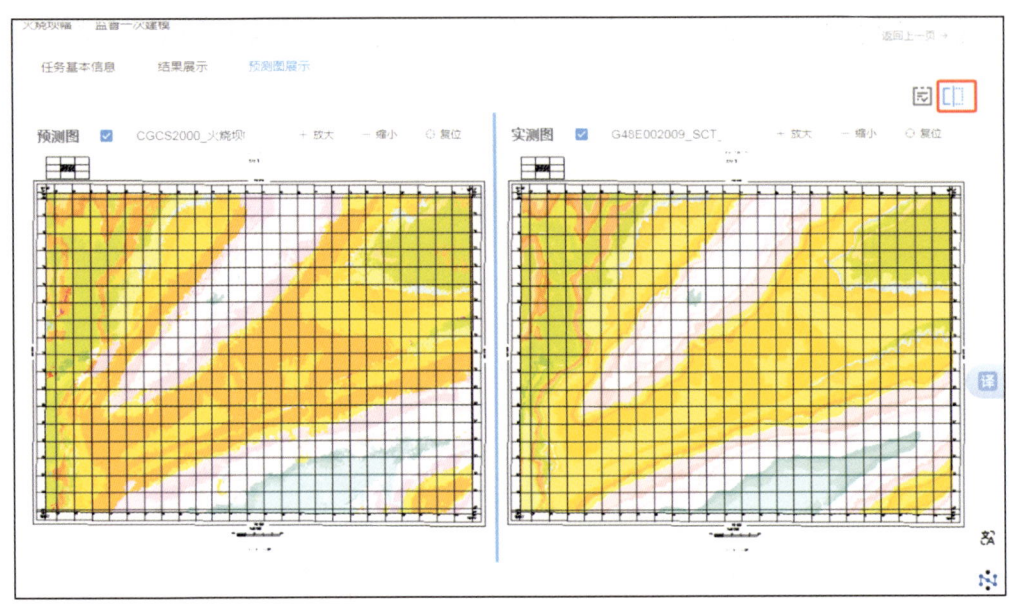

图 9-17 对比分析界面

9.4.2 野外调查阶段基于 PRB 路线生成不同阶段不同精度预测图操作流程

该阶段的处理流程与 9.5.1 小节相似，分为 4 个步骤，即创建项目、数据处理、创建任务和结果展示，下面分步骤进行说明。

1. 创建项目

根据实际需要，如果需要创建新项目则参照 9.5.1 小节中"1. 创建项目"的步骤，如果不需要则直接跳过此步骤。

2. 数据处理

(1) 物化遥数据处理：参照 9.5.1 小节中"2. 数据处理"的所有步骤。

(2) PRB 标签处理：在进行 PRB 标签处理之前，需要将野外调查得到的 PRB 标签组织为规范格式并上传到系统中。整理后的标签必须包含"XX""YY""整理后填图单位＋岩性分类标签"和"RGB 色标"4 列，且这些列的数据不能为空值，PRB 标签规范如图 9-18 所示。整理好 PRB 标签后，通过"项目概况"下的"上传 PRB 标签文件"将 PRB 数据上传到系统中（图 9-19）。上传成功后可通过该项目下"数据处理"中的"PRB 标签处理"对 PRB 数据进行处理（图 9-20），其中扩充半径是指要扩充样本点的半径范围，正常情况下一次建模设置为 50m，二次建模设置为 500m，采样网格大小为扩充间隔，正常为 5m，设置完成后提交等待处理结果。

(3) 样本集数据处理：得到物化遥数据处理和 PRB 标签处理的结果后，方可进行样本集数据处理。点击"样本集数据处理"进入样本集数据处理参数设置界面，如图 9-21 所示。选择归一化后的结果和 PRB 标签处理后的结果，设置完成后等待处理结果。

9 人工智能地质图成图技术方法

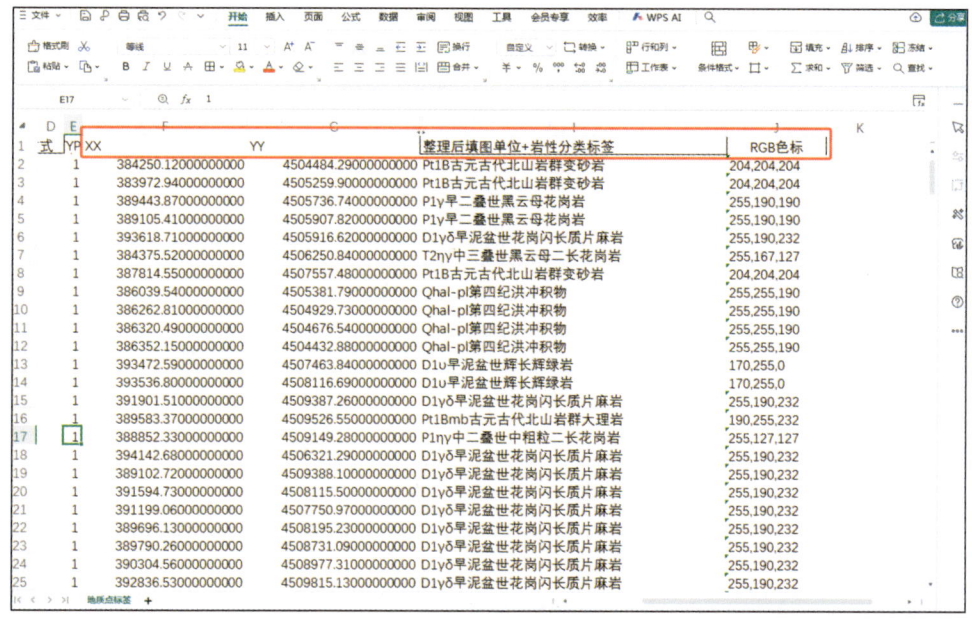

图 9-18 PRB 标签规范

图 9-19 上传 PRB 标签

3. 创建任务

数据处理完成后切换到该项目下的"创建任务",页面中模型类型选择"有监督",建模次数可根据实际需求进行选择。当要求建模速度快、精度低时选择"一次建模";当要求精度相

图 9-20　PRB 标签处理界面

图 9-21　样本集数据处理界面

对高且不要求速度时可选择"二次建模",选择"二次建模"需要选择 PRB 标签第二次扩充后得到的结果(注:第二次扩充的半径要大于第一次扩充的半径);其余的参数设置可默认也可根据自己的需求进行调整(图 9-22)。提交任务后,任务进度的查看方式与上节创建任务步骤中相同。

9 人工智能地质图成图技术方法

图 9-22 建模任务创建界面

4. 结果展示

与 9.5.1 小节描述的结果查看方式相同,不同的是"结果展示"中多了训练精度曲线图、召回率统计表、各类地质体预测图和各填图单位预测图等功能,如图 9-23 所示。

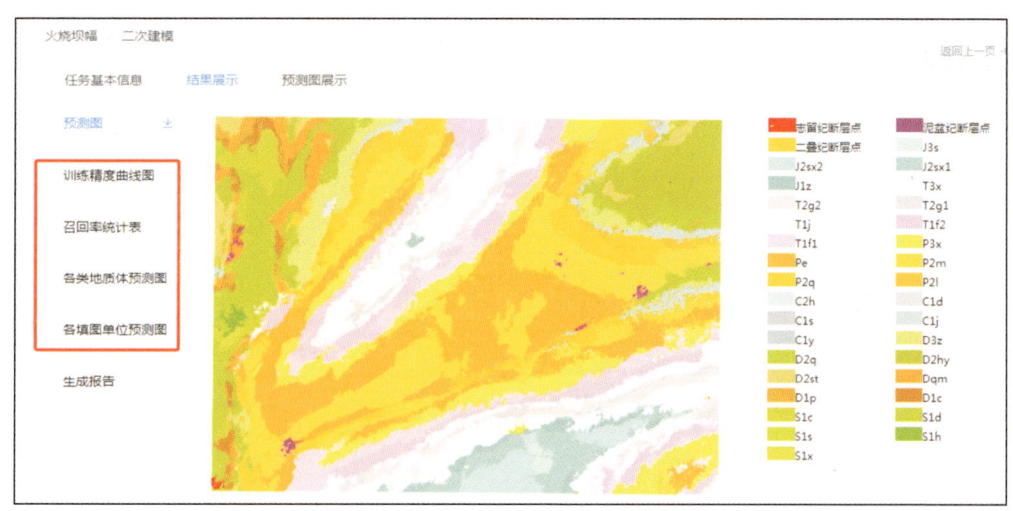

图 9-23 建模结果展示界面

复习思考题

(1) 地质填图知识载体主要包含哪些?

(2) 在人工智能地质图自动生成模型网络结构中加入全连接网络层的目的是什么?

(3) 人工智能地质图生成工具应用流程大致分为几个步骤?

10 野外地质实习基地智慧服务云平台

"野外地质实习基地智慧服务云平台"是一套旨在推进野外地质实习教学信息化、安全管理智能化进程,并提高野外地质实习教学成效的软件云平台,也是利用互联网和移动端建设"基地-云端-学校"三级模式的野外地质实践教学云平台。

10.1 平台架构及功能

1. 平台架构

野外地质实习基地智慧服务云平台是一个旨在提升地质实习教学质量、实现安全管理智能化的软件系统,实现了诸如系统配置、安全管理、车辆调度及信息发布等多种功能的集成应用,借助互联网和移动终端构建了一个覆盖"基地-云端-学校"三级架构的教学服务体系(图10-1)。

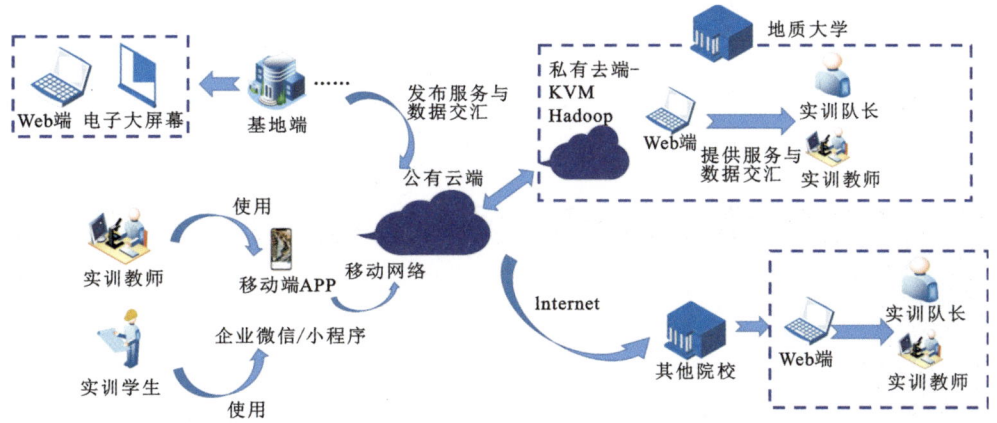

图 10-1 野外地质实习基地智慧服务云平台架构

2. 平台功能

野外地质实习基地智慧服务云平台(访问地址:https://geostudy.cug.edu.cn/gisy-wdzsx/#/homePage)主要包括野外实训过程管理、野外实训安全管理、车辆调度与信息发布基地前台与信息发布四大版块(图10-2)。

图 10-2 野外地质实习基地智慧服务云平台门户

10.2 野外实训过程管理

野外实训过程管理包括实习基地选择、教学管理、教学资源管理等功能。

1. 基地选择

在页面右上角点击"姓名"→"切换基地",页面展示所有基地信息。选择需要实习的基地,如选择"秭归",页面上将展示该基地的所有实习班级(图 10-3)。

图 10-3 基地选择

2. 教学管理

教学管理包括教学计划管理、实习计划管理、实习课表管理，可满足多种任务类型，具备实习计划制订、实习教案填写、实习课表调整等功能。以实习课表管理为例，该平台可以对带队教师、班级、实习安排进行全面管理，如图10-4所示。

图10-4　教学管理

3. 教学资源管理

教学资源包括路线文档、文献资源、实习成果等，可满足多种任务类型，具备路线文档、文献资源、实习成果等管理功能。以实习成果管理为例（图10-5），以往教学依赖优盘、微信、QQ等多种媒介进行文件的互传，这种做法缺乏一个集中的存储平台，导致在收集实习

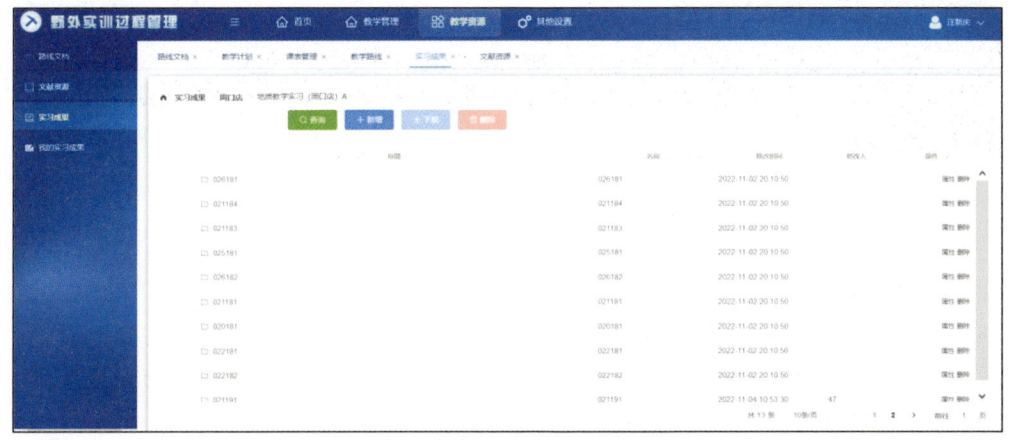

图10-5　教学资源管理

成果时产生了相当可观的工作量，同时也给后续的查阅、分析及汇总工作带来了诸多不便。为了解决这一问题，平台在教学资源模块中融入了实习成果的上传与下载功能。无论是教师还是学生，都能够直接通过系统，随时随地轻松地进行实习成果的查看与管理，极大地提升了工作效率与便捷性。

10.3 野外实训安全管理

野外实训安全管理包括实践教学管理、实训项目管理、打卡统计、文件管理等功能。

1. 实践教学管理

实践教学管理主要针对尚处于筹备阶段的实训项目，用户可在其下方的信息展示区域清晰地查看到所有已登记但尚未启动的实践项目概览（图10-6）。各实习队长扮演着关键角色，负责新建各自负责的实践项目，包括设定准确的实习时间及填充相关细节信息。此外，平台还提供了从后台数据库直接导入实践项目的功能，极大简化了数据迁移与整合的流程。

对于已新建的实践项目，平台赋予了实习队长灵活的编辑权限，允许他们根据实际需要修改项目信息，包括但不限于调整时间、更新内容描述等。同时，若某项目因故需取消或重新规划，系统也支持一键删除操作，确保了项目列表的实时更新与准确性。

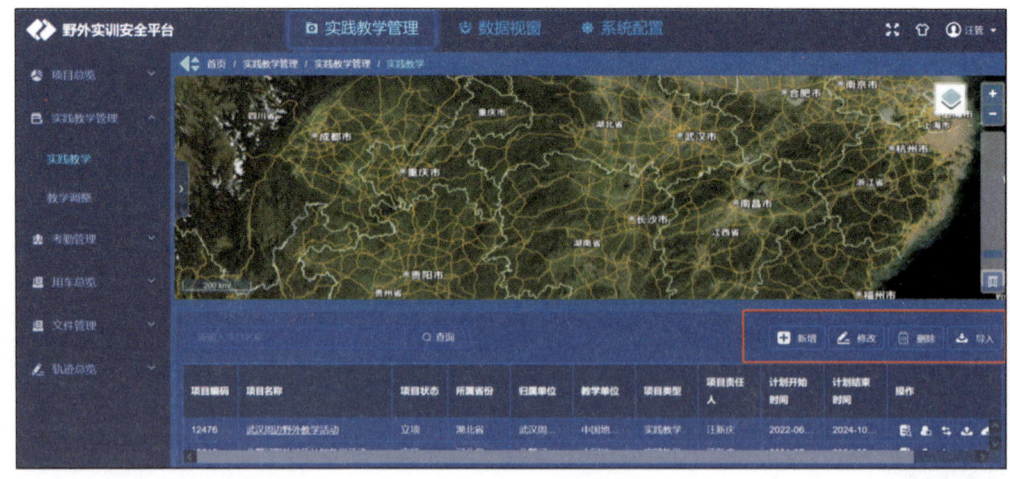

图10-6 实践教学管理

2. 实训项目管理

进入实训项目后界面会发生变化，在主界面上方可进行不同实训项目之间的切换，还可以点击切换至全局视图返回主界面，左侧的菜单栏可分别切换界面至任务管理模块、打卡统计模块、问卷调查模块、实时考勤模块和文档浏览模块（图10-7）。

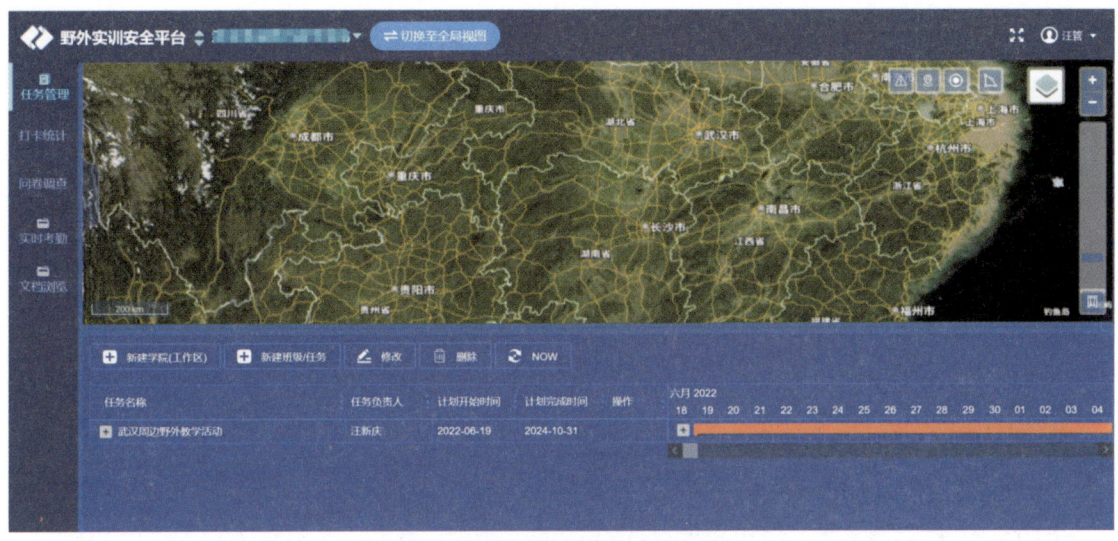

图 10-7 实训项目管理

3.打卡统计

打卡统计记录移动 APP 端的打卡情况,点击不同学院下的不同班级,可以查看某项任务的人员打卡状态和打卡时间(图 10-8)。

图 10-8 打卡统计

4.文件管理

文件管理模块下属的"实习文件"模块存储于每个实习项目的文件夹，文件夹中根据实习参与人员建立对应名称的文件夹，学生用户进入后在自己的文件夹下上传实习成果文件，包括实习过程中制作的图表和实习结束后的成图与实习报告。老师用户进入相应学生的文件夹后可以对学生实习文件进行查看和下载（图10-9）。

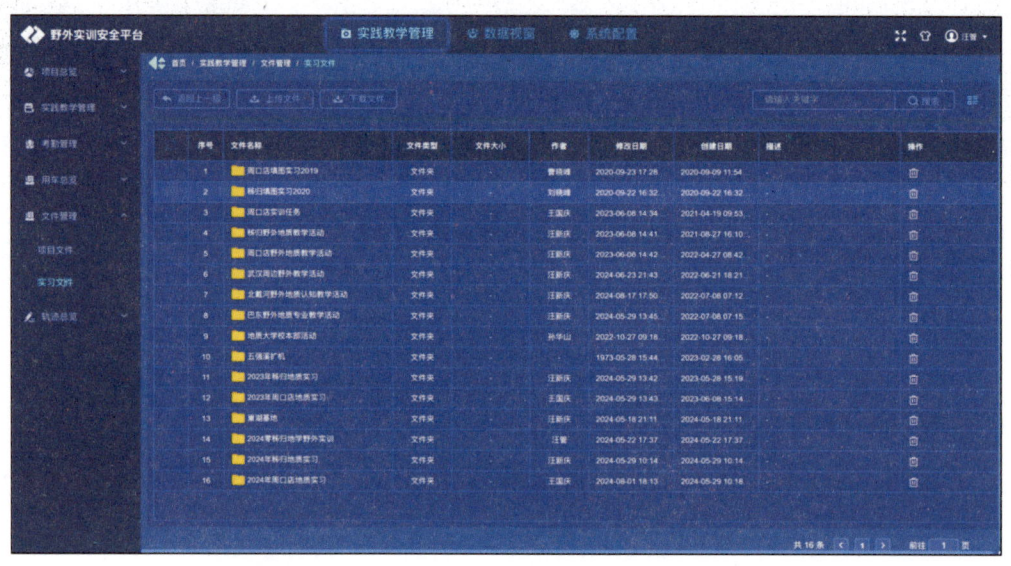

图10-9　文件管理

10.4 车辆调度与信息发布

车辆调度与信息发布主要包括派车和车辆管理等功能。

1.派车

派车分为直接派车和申请派车两个模块。系统管理人员在平台中选择合适的车辆并为其安排任务。整个出车过程包括出发时间、目的地、执行任务等信息，均被系统详尽无误地记录下来。而出车结算单作为派车凭证，不仅为车辆的使用情况提供了清晰的历史记录，更为后续的费用核算与统计分析提供了依据。

在直接派车模块中，系统依据预设的出车计划，能够迅速响应并处理派车请求，同时详细记录了每一次出车的各项信息（图10-10）。

申请派车模块则主要服务于用车人员，为他们提供了一个便捷的平台来填写派车申请单（图10-11）。在这份申请单中，用车人的具体需求信息被详尽记录，这不仅方便了管理人员进行审核，也让调度人员能够迅速而全面地掌握用车情况，从而做出更为科学合理的调度决策。

图 10-10　直接派车

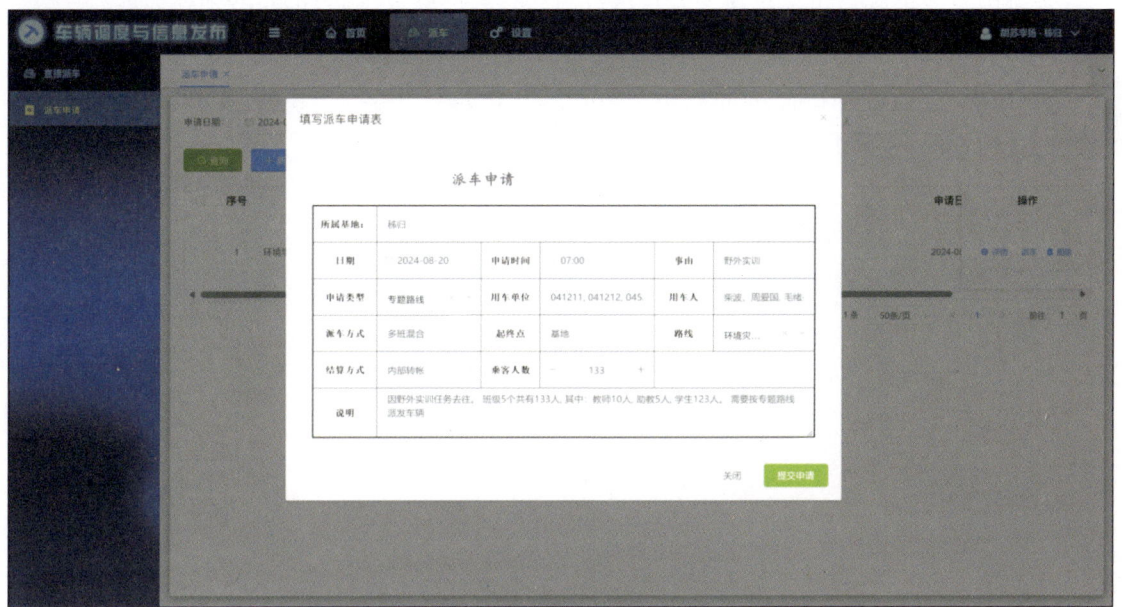

图 10-11　申请派车

2. 车辆管理

车辆管理主要是对车辆所属车队、编码、司机等信息进行管理和维护(图 10-12)。

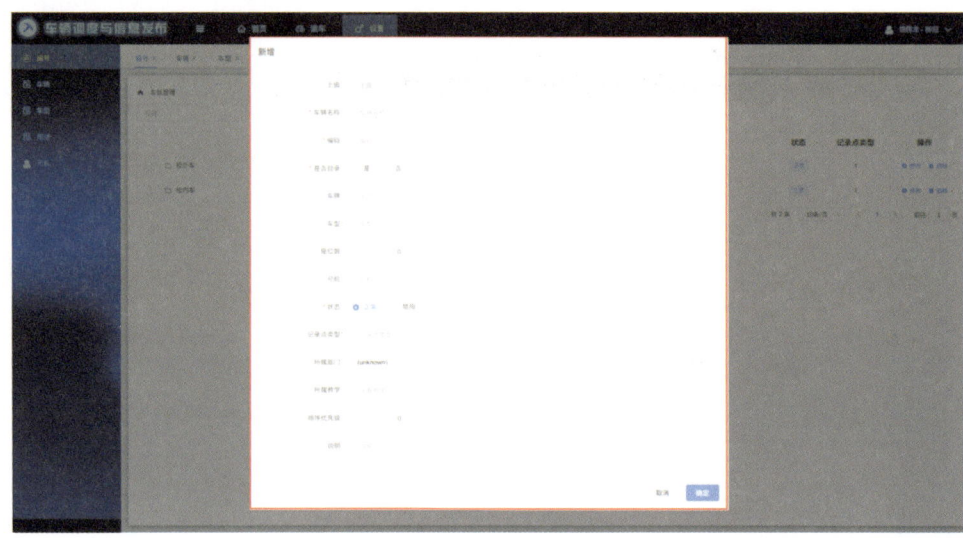

图 10-12　车辆管理

10.5　基地前台与信息发布

基地前台与信息发布主要包括前台接待、教室安排、统计报表、消息大屏等功能。

1. 前台接待

前台接待分为房间入住、订单管理、客房管理、宾客管理等 5 个模块,教师可以提前规划学生的住宿情况,包括分配房间、床位等。学生可以通过系统查询并了解自己的住宿安排。

房间入住模块可以实时查看房间状态,使教师和学生可以随时了解特定房间的入住情况,包括已入住、空房等信息(图 10-13)。

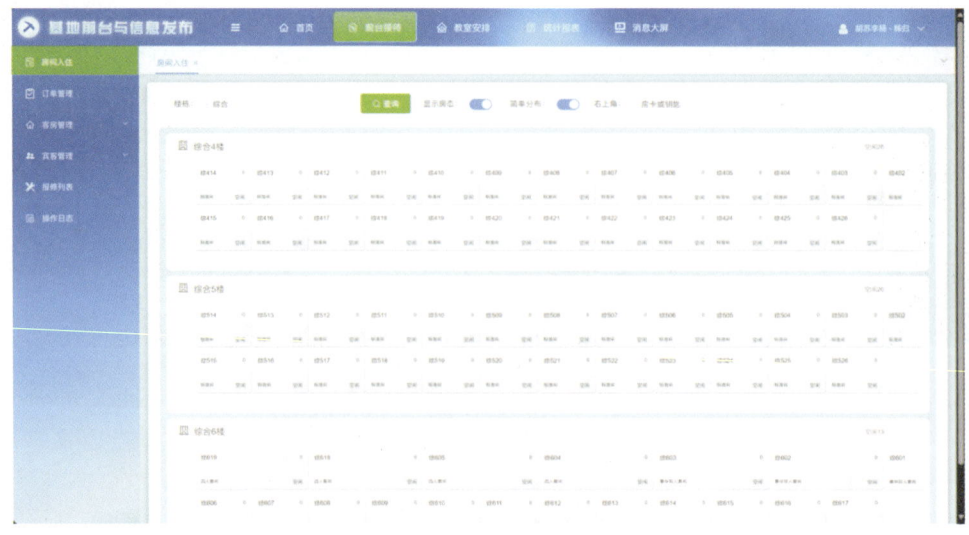

图 10-13　房间入住

订单管理模块可以选择按照"基地""日期""单位""联系人""电话"等信息对基地的预定订单进行查询(图 10-14)。

图 10-14　订单管理

客房管理模块通过房间设置、付款方式、房价类型、房型、房价理由、房间消费项目、领用用品等功能对基地客房进行全方位的管理(图 10-15)。

图 10-15　客房管理

宾客管理模块通过组织或团体、房间预定宾客类型、宾客档案等功能对入住基地的团体或个人进行管理(图 10-16)。

图 10-16　宾客管理

2. 教室安排

教室安排分为分配教室和教室设置两个模块。通过合理安排教室的使用情况，可以有效避免在教室安排中产生冲突的情况，确保每个教室都能被有效利用。同时系统会自动生成课程时间表，确保每一位参与教学活动的师生都能在规定时间和地点参加课程。分配教室模块可以对教室的使用情况进行合理安排，确保每个教室都被有效利用(图 10-17)。

图 10-17　分配教室

教室设置模块通过查询教室设置、新增教室设置、编辑教室设置、删除教室设置等功能对教室的状态进行管理(图 10-18)。

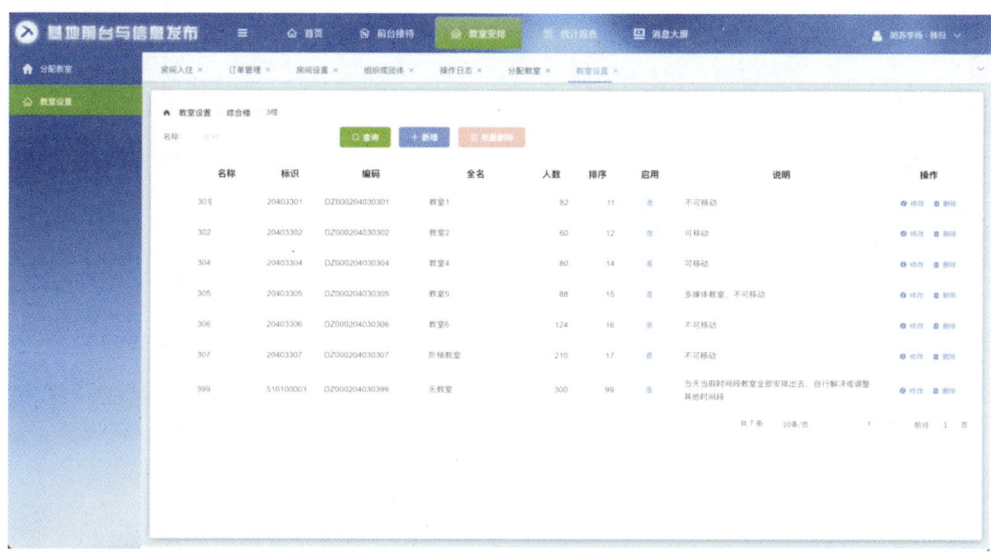

图 10-18　教室设置

3. 统计报表

统计报表分为可用房间、已用房间、住宿流水单、入住列表等 4 个模块,管理人员可以统计分析基地的住宿情况(图 10-19)。

图 10-19　统计报表

4. 消息大屏

消息大屏分为大屏消息和大屏设备两个模块。通过消息大屏，基地能够更直观、有效地与宾客进行沟通，提高服务质量，为师生提供更好的入住体验(图 10-20)。

图 10-20　消息大屏

复习思考题

(1) 假设你是"野外地质实习基地智慧服务云平台"的用户，请列举一个你认为在"野外实训安全管理"版块中可以增加的功能，并简要说明其作用。

(2) "野外地质实习基地智慧服务云平台"的四大版块中，哪个版块可能对学生的实习过程管理帮助最大？请简要说明理由。

第 3 篇

实习案例简介

本篇通过提供实习案例和实习数据,展示了周口店、秭归雾河、武汉喻家山等重要实习场景的基础地质背景和实习过程中的数据应用,而且实时更新了详细的实例数据和教学视频,通过链接或二维码访问。

11 周口店数字地质填图实习

11.1 周口店地理概况

周口店实习区位于北京市西南约 50km 处,中国地质大学实习基地设在周口店镇内,此地也是举世闻名的"周口店北京人遗址"所在地,行政区划属北京市房山区。实习区有京原铁路斜贯,有京广铁路的琉璃河站工矿支线相连,铁路沿线良各庄、孤山口、十渡各站均布有教学观察点。公路交通主要有莲花池—张坊、天桥—房山等干线与北京市区相通,有多条公共交通线路开通,交通便利。另外,周口店到各实习场所均有乡村级公路通行。

本区属大陆性气候,温度变化较大,雨季主要在 7—8 月份,年降水量在 650~700mm 之间,冬季寒冷。区域内发育的河流大多为季节性河流。周口店地区的夏季和秋季是实习的最佳时期。

实习区坐落在中国房山联合国教科文组织世界地质公园内,周边分布有拒马河生态走廊,周口店北京人遗址园区,以及石花洞、十渡、上方山-云居寺、圣莲山、百花山-白草畔、野三坡、白石山等景区,旅游地质资源丰富。

11.2 区域地质概况

周口店及其邻区处于北北东向太行山山脉、近东西向燕山山脉和华北平原接壤地带,大地构造处于华北板块中部,属于华北陆块燕山板内(陆内)构造带(图 11-1)。区内地层发育齐全,在华北地区具有代表性,可与华北地台其他地区对比,但受后期变质、构造和岩浆作用的影响,该区整个地层序列都受到不同程度的变质和变形改造。用板块构造观点分析,该区为典型的板内(陆内)造山带,是在长期演化形成稳定陆块的基础上后期又被改造而成的活动区。独特的大地构造位置和漫长的地质演化历史,使区内不仅保存有不同阶段较为完整的地质事件记录,而且形成了丰富多彩、类型齐全、典型直观且颇具意义的各种地质构造现象,如房山侵入体及围绕其分布的多期次、多类型褶皱和断层共同组合呈现出一幅复杂的地质构造景观(图 11-2)。

11.2.1 实习区地层

周口店及其邻区属华北型地层系统,出露齐全,发育太古宇、中—新元古界、下古生界、上古生界、中生界、新生界。在填图实习区主要分布有以下地层。

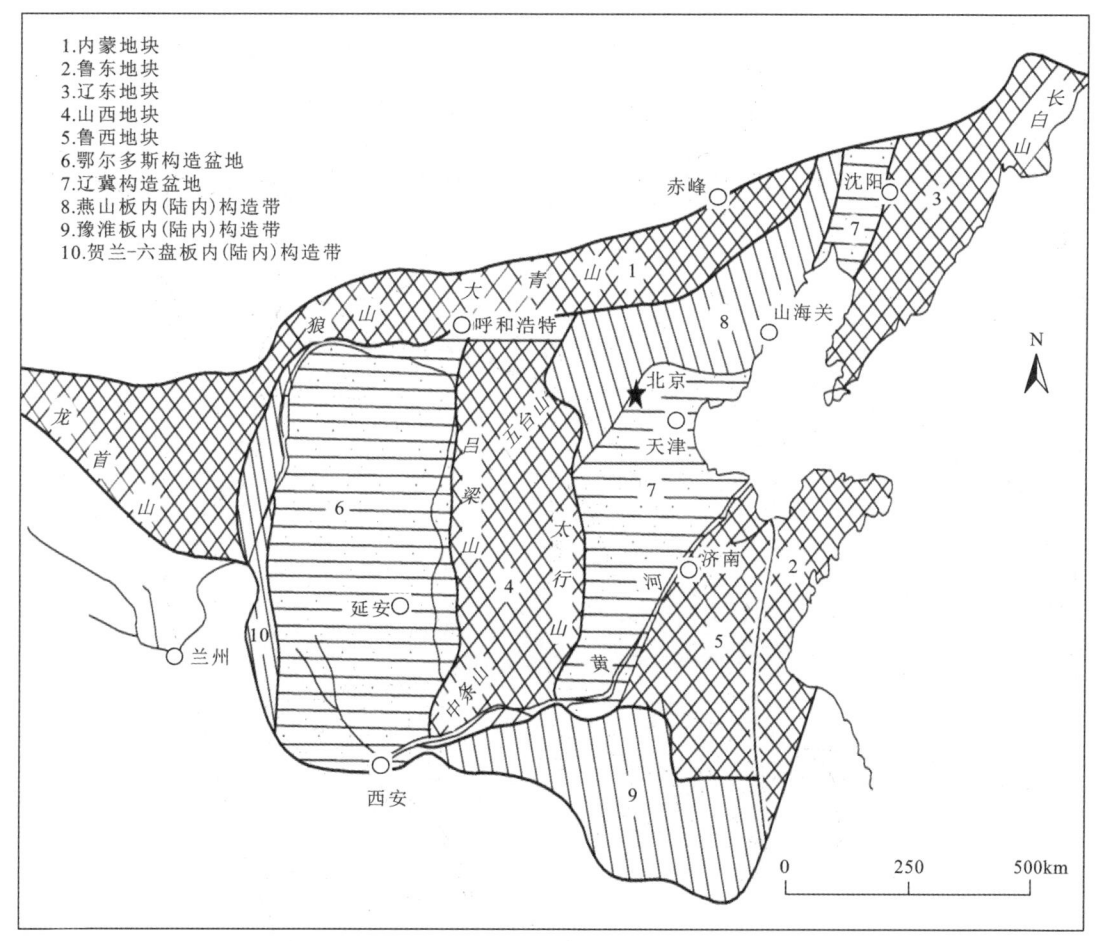

图 11-1 华北陆块大地构造分区略图(据杨森楠和杨巍然,1985;赵温霞等,2003)

1. 马家沟组(O_2m)

下奥陶统青灰色厚层结晶灰岩、纹带状灰岩夹少量白云质灰岩,局部地段夹灰褐色钙质板岩,产角石 Armenoceras sp.(阿门角石),厚 200~300m。

周口店地区马家沟组总体形成于一种比较正常的开阔海相碳酸盐岩沉积环境。但邻近门头沟地区的马家沟组却变化复杂,地形分异显著,出现多种潮间带-潮上带动荡浅水-蒸发等沉积标志,如白云岩、盐溶角砾岩等,预示着其后稳定的华北地台逐渐进入全面隆升阶段,"怀远运动"即将开始(童金南等,2013)。

2. 本溪组(C_2b)

本溪组底部普遍发育硬绿泥石角岩及红柱石角岩。下部为杂色(灰色—深灰色、黄色—黄灰色、褐色、粉红色等)粉砂质板岩及变质粉砂岩。中部为灰色、浅灰色板岩,含黄铁矿假晶构成的压力影构造,也称"压力影板岩",产大量海相生物化石,包括 Aviculopecten sp.(燕海扇),Anthroconsia sp.(石炭蚌),Naticopsis sp.(似玉螺),Fenestella sp.(网格苔藓虫),

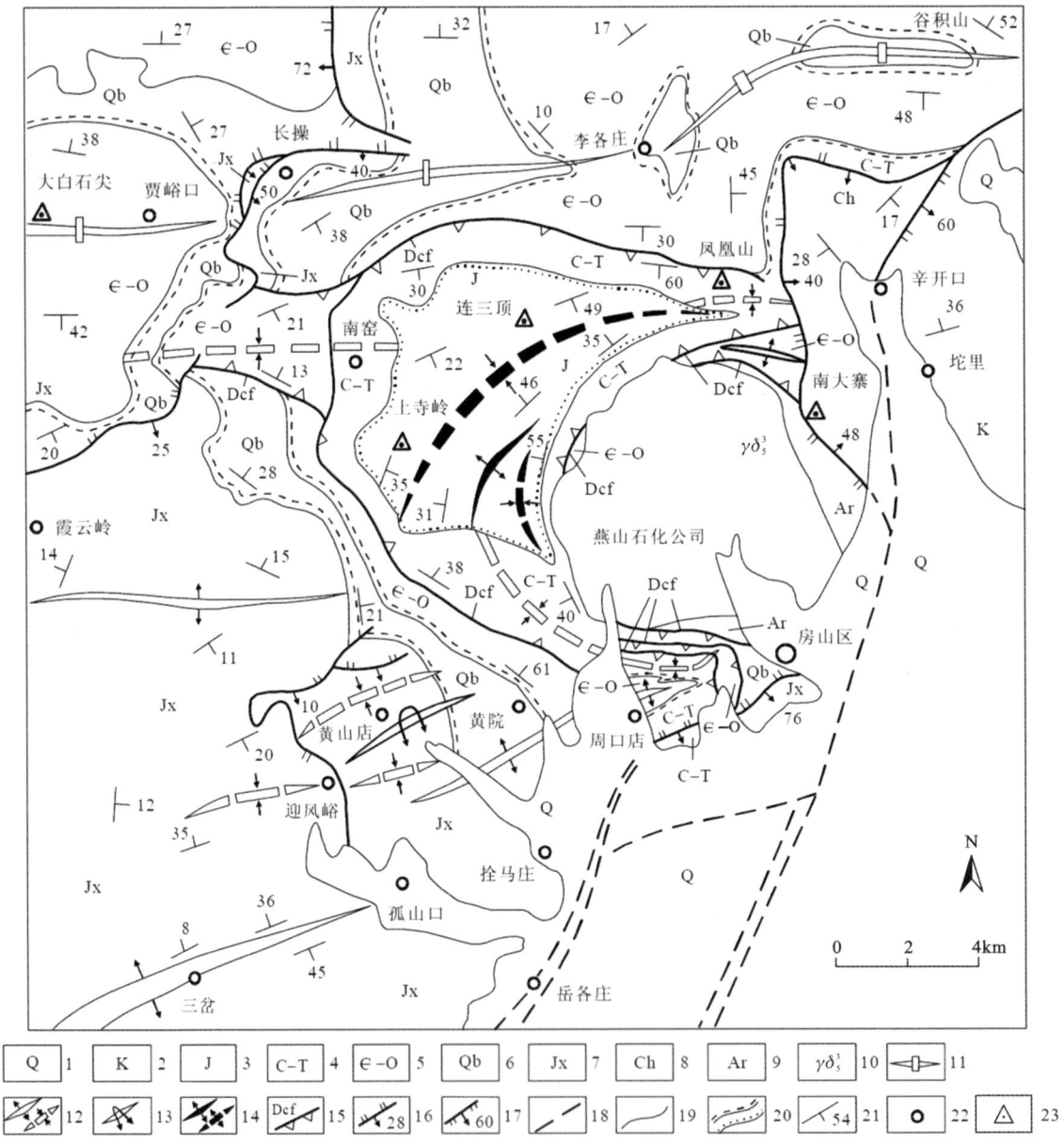

图 11-2 北京西山南部区域地质构造简图(据赵温霞等,2003)

1.新生界第四系山前冲积层;2.中生界白垩系山前断陷盆地沉积地层系统;3.中生界侏罗系上叠盆地沉积地层系统;4.上古生界上石炭统—中生界三叠系系板内盖层型褶叠层;5.下古生界寒武系—下奥陶统板内盖层型褶叠层;6.新元古界青白口系板内盖层型褶叠层;7.中元古界蓟县系板内盖层型褶叠层;8.中元古界长城系外来岩块沉积地层系统;9.太古宇官地杂岩(结晶基底)。岩浆岩地质体:10.燕山晚期花岗闪长岩(复式岩体);构造形迹:11.箱状背形(D_2);12.直立背形及向形(D_2);13.倒转背形(D_2);14.背斜及向斜(D_4);15.剥离断层(D_1);16.逆断层;17.正断层;18.推测断层。构造界面:19.地质界线;20.平行不整合及角度不整合;21.面理产状(主示 S_0);22.城镇及乡村居民点;23.测量基点

Isognamma sp.（等纹贝）。下部和中部之间普遍夹一层灰色、灰黄色泥质生物碎屑灰岩透镜体，含 *Fusulina* sp.（纺锤），*Fusulinella* sp.（小纺锤），*Dictyoclostus* sp.（网格长身贝），*Choristites* sp.（分喙石燕），*Chaetetes* sp.（刺毛珊瑚）。上部为灰色、灰黑色红柱石角岩，区域上本组顶部可见黑色薄层炭质板岩，含植物化石碎片。

由于所含化石大多为晚石炭世早期的代表分子，因而本组应为上石炭统。本溪组总厚54m。与下伏下奥陶统马家沟组之间为平行不整合接触，接触面凹凸不平，普遍存在厚度不等的古风化壳，灰岩表面古岩溶现象较发育，常见岩溶角砾岩。本溪组底部富铁、铝沉积的形成及底砾岩的出现，证明中奥陶世至早石炭世期间，本区经历了漫长的风化、剥蚀作用和准平原化过程。其后地壳下沉，接受海侵，至生物碎屑灰岩层位海侵规模最大，由于大量化石具原生破碎现象，反映了一种能量较高的潮下高能环境。此后发生海退，海退初期，水体多与外界隔离，出现还原、宁静的潟湖环境，生物化石分异度低，只能出现适应能力较强的双壳类和腹足类，富含黄铁矿，"压力影板岩"属这种条件下的产物。随后海退进一步加强，出现了本组上部反映近海沼泽环境、含植物碎片的泥质沉积。硬绿泥石角岩和红柱石角岩是铁铝质风化壳上泥质岩变质的产物。

需要说明的是，太平山北坡大砾岩山和小砾岩山一带本溪组和马家沟组之间分布一套分选好、磨圆好、成分单一的砾岩（又称为"三好砾岩"），过去一直把它作为石炭系本溪组的底砾岩。但考虑到华北地区本溪组及其相当的地层中没有类似的岩性，其物源也存在疑问，且无确切的时代证据，故暂不定其时代，将其作为实习区的一个重要地层问题留待进一步的研究。

3. 太原组（P_1t）

太原组由 1～2 个沉积旋回组成。旋回的下部主要为灰色、褐灰色中厚层变质细粒石英砂岩夹灰黑色板岩；上部主要为灰黑色、褐灰色薄层粉砂岩、板岩、粉砂质板岩，并夹有薄煤层。产植物化石 *Neuropteris ovata*（卵脉羊齿），*N. plicata*（镰脉羊齿），*N. otozamioides*（耳脉羊齿），*Lepidodendron oculus*（鳞木），*Pecopteris* sp.（栉羊齿）。此外，在太平山、磨盘山、大杠山一带，本组下部还发现有海相化石 *Isognamma* sp.（等纹贝），厚 64m。区域上本组下部产蜓类 *Triticites* sp.，时代属晚石炭世；上部产蜓类 *Pseudoschwagerina* sp.（假希瓦格），时代属早二叠世。

每个沉积旋回下部砂岩成分成熟度较高，分选磨圆较好，发育交错层理，所夹板岩内含海相化石，为滨海砂坝及潮上泥质沉积；旋回上部由于以粉砂及黏土质沉积为主，含较丰富的植物化石，代表近海沼泽环境。

4. 山西组（P_1s）

山西组由两个沉积旋回组成。下部旋回底部为褐灰色中厚层变质中粗粒岩屑砂岩，局部底部见含细砾级的角砾岩，与下伏太原组冲刷接触关系明显，向上沉积粒度变小，发育交错层理；旋回上部为黑色炭质板岩夹煤层。上部旋回下部为深灰色中厚层变质中细粒变质岩屑砂岩，上部为黑色炭质板岩、粉砂质板岩夹煤层。本组植物化石丰富，一般产在旋回上部，主要分子有 *Lobatannularia sinensis*（中华瓣轮叶），*Annularia stellata*（星轮叶），*A.*

gracilescens(纤细轮叶)，*Sphenophyllum thonii*(汤氏楔叶)，*S. laterale*(侧楔叶)，*S. oblongifolium*(椭圆楔叶)，*Tingia carbonica*(石炭丁氏蕨)，*Pecoptenis fminaeformis*(镶面栉羊齿)，*P. candoleana*(长舌栉羊齿)，*P. arboresens*(小羽栉羊齿)，*Alethopteris sp.*(座延羊齿)，*Sphenopteris tenuis*(纤弱楔羊齿)，*Neuropteris ovata*(卵脉羊齿)，*Calamites suckowii*(钝肋节木)，*Cordaites principais*(带科达)。山西组厚90m。

本组各旋回下部砂岩成分成熟度差，岩屑中燧石占10%～15%，分选较好，但磨圆尚差，局部地段具有植物茎干化石，代表平原河流或曲流河河床沉积。旋回上部的炭质岩、泥质岩代表潮湿气候下的湖沼相沉积，是华北地区的一个重要含煤层位。

5. 杨家屯组(P_2y)

杨家屯组又称石盒子组(P_2sh)，由2～3个沉积旋回组成，以粗碎屑沉积为主。旋回下部为灰色厚层变质中—粗粒岩屑砂岩，含砾岩屑砂岩；上部为灰色中—厚层变质细粒岩屑砂岩、粉砂岩及板岩。本组底部多为灰白色厚层变质复成分角砾岩(称为"豆腐块砾岩")，砾石多为棱角状或次棱角状，砾径一般为5～10mm，成分较复杂，分选差，泥质胶结，杂基含量高。冲刷构造明显，属近距离快速堆积，旋回下部的砂岩代表一种山区河流或辫状河沉积环境。旋回上部局部可见薄煤层，含植物化石 *Lobatannularia* cf. *sinensis*(中华瓣轮叶比较种)，*Sphenophllum verticillatum*(轮生楔叶)等，代表了山区河流漫滩及内陆沼泽环境。本组厚70～120m。

11.2.2 实习区构造

周口店及其邻区因其独特的大地构造位置和漫长的地质演化过程，区域地质构造较为复杂，成为板内浅变质岩地质构造研究的典型地区。实习区主要观察的构造为褶皱构造。

1. 太平山向形

太平山向形位于穹状隆起南缘周口店一带，核部为石炭系—二叠系地层，翼部由下古生界至元古宇组成，其北翼马家沟组以下各组地层在三不管沟-羊屎沟区段皆厚度变薄。向形轴迹近东西向，枢纽波状起伏，总体上表现为向东扬起；北翼产状较陡，倾角为50°～80°，南翼倾角较缓，为30°～50°，核部地层在局部地段产状陡倾，甚至直立(图11-3)。在二亩岗—萝卜顶一带，向形核部次级构造发育，有东西向近直立的轴面劈理及一系列近南北向(北北东—北东向)的紧闭褶皱，后者中规模较小的部分可能与枢纽波状起伏有关，规模大者则属于后期的叠加褶皱。太平山向形向西延至升平山区段后转为北西西向，在长沟峪一带核部由红庙岭组-双泉组构成，两翼则为杨家屯组；更向西被晚期由侏罗系组成的北东向斜(北岭上叠向斜构造)所叠置。太平山向形中卷入的早期剥离断层也已形成了断面褶皱，在一条龙—羊屎沟—山顶庙—牛口峪一带的所谓弧形断层带正是早期剥离断层面褶皱的显示。自西向东剥离断层由向形翼部至扬起端表现出断面产状由缓变陡甚或翻转之趋势。

2. 164背斜

164背斜卷入的地层为点马家沟组(O_2m)岩性，由中—厚层状灰黄色泥质条带灰岩、中

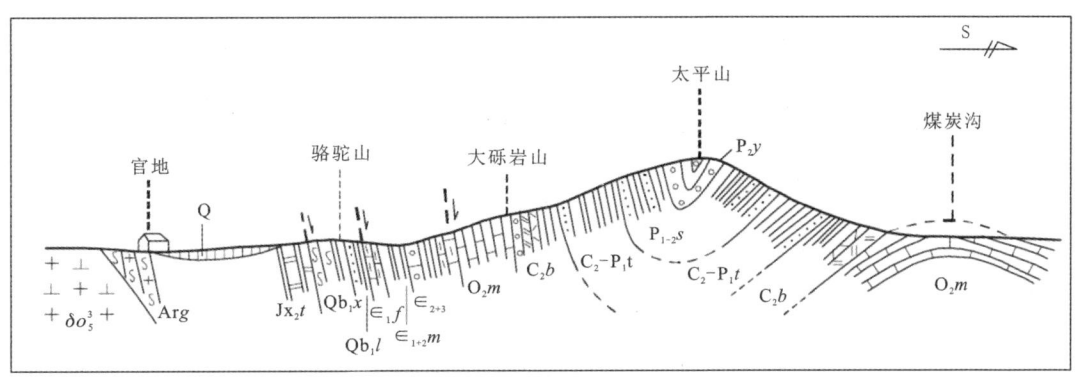

图 11-3 官地—煤炭沟地质剖面图(据何海之,1993;赵温霞等,2003 修改)

注:δo_5^3 为燕山期石英闪长岩,其他地层代号参见图 11-2 区域地层部分。

—厚层状灰白色白云质灰岩和青灰色中层状浊积灰岩组成。白云质灰岩表面常发育刀砍纹。164 背斜整体轴向近东西,直立倾伏背斜。在岩层底部,可以观察到典型的藕节状石香肠构造,香肠体为灰白色厚层状白云岩,环绕香肠体的基质为青灰色厚层灰岩;在石香肠构造上部,在灰白色厚层状白云岩中可观察到一组竖直产出张节理,节理垂直岩层,多被方解石脉充填,具有典型张节理特征;继续向上,在白云岩层中又可观察到典型的"火炬状"张节理,两组共轭张节理呈"X"形产出,明确指示最大主应力方位垂直岩层面。此类典型小构造现象主要类型为大型线理与节理,其在垂向上的变化特点明确指示白云岩能干性相对较强,灰岩能干性相对较弱,最大主应力方位垂直于岩层面。这些构造和节理为 164 背斜形成后期叠加其上脆性变形的产物。

煌斑岩呈脉状侵入到马家沟组灰岩中。在 164 背斜横截面(垂直轴面)可见先期顺灰岩层侵入的煌斑岩脉后期发生强烈的构造变形弯曲而呈现剪切变形。在 164 背斜平行轴面,可见煌斑岩脉受挤压应力破碎而呈布丁状产出,显示石香肠构造特征。可见,煌斑岩脉的侵入早于褶皱构造变形,对煌斑岩脉形成时代的厘定,可以限定褶皱变形时代的上限。

煌斑岩岩脉较新鲜,新鲜面呈黑绿色,风化面呈褐黄色。煌斑岩脉的主要矿物组成为辉石+角闪石+斜长石+黑云母,为典型的幔源岩浆岩。从煌斑岩脉挑选的锆石大致可分为两类:岩浆结晶锆石和捕虏晶锆石。岩浆结晶锆石的 U-Pb 谐和年龄介于 154~142Ma 之间,加权平均年龄为 (147.2 ± 2.4)Ma,指示了其侵位时代,也代表了太平山褶皱变形的时代上限,即太平山褶皱变形的时代应晚于 (147.2 ± 2.4)Ma。捕虏晶锆石的年龄主要集中于 (2440 ± 25)Ma,与华北克拉通结晶基底的年龄一致,说明幔源岩浆上升侵位过程中捕获围岩古老结晶基底的锆石,反映了该区域结晶基底的特征(图 11-4)。

综合构造解析和年代学分析,结合区域沉积演化,太平山褶皱的形成过程和构造演化为:在房山周口店太平山褶皱地区,在中二叠统下石盒子组(P_2x)砾岩沉积之前,以沉积构造演化为主。在晚侏罗世约 147Ma,幔源的煌斑岩脉侵入,在奥陶系马家沟组(O_1m)中呈岩席状顺层产出;之后,发育南北向挤压形成的轴面近东西向产出的太平山直立倾伏褶皱,早期呈岩席状产出的煌斑岩发生构造变形(图 11-5)。

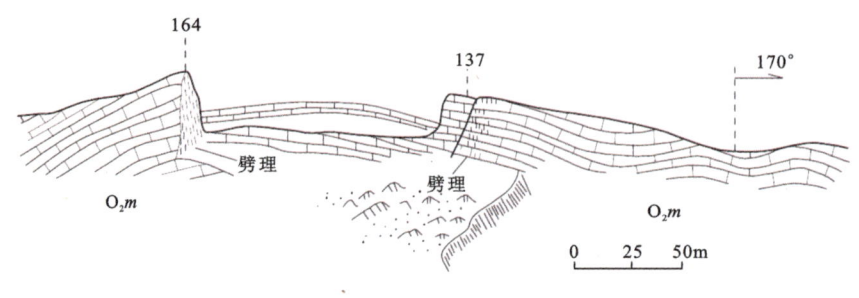

图 11-4 164 背斜素描及实景（据中国地质大学周口店实习队内部资料）

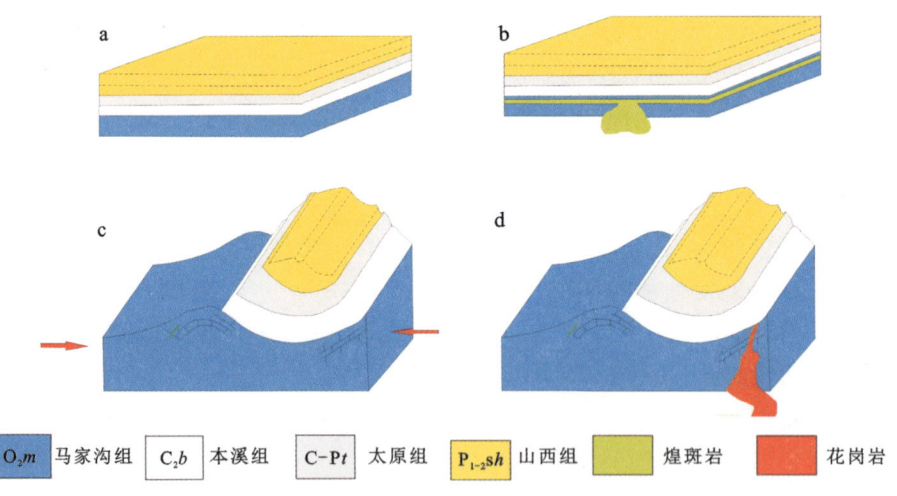

图 11-5 周口店 164 背斜演化历史（据中国地质大学周口店实习队内部资料）

11.3 实习数据简介

周口店实习基地由于环境保护等各种原因，部分区段的数据目前已较难获取。本教材案例数据以周口店野外地质路线教学实际数据路线为蓝本，进行了相应的整理和完善，与野外实际数据存在一定的差异，以满足室内数字地质调查课程的要求。数据包括周口店实习基础底图数据和实测剖面数据（PRB）野外地质调查路线实例数据。

11.3.1 周口店实习基础地图数据

周口店实习基础地图数据集主要包括图幅 J50G008032 的遥感影像数据、相应的部分地质界线和地质体的矢量数据。数据包括坐标位置精准匹配和坐标未校正两种版本。矢量数据的存储格式为 DGSGIS,可以在数据地质调查系统中与 MapGIS 和 ArcGIS 数据进行转换。

基础地图数据主要满足以下教学任务:①满足数字地质调查过程中图幅工程 J50G008032 和手图工程的创建;②为数据的配准和校正提供基本素材;③为后期实测剖面、实际材料图和地质图的实习提供必要的基础素材与应用场景。

11.3.2 实测剖面数据

实测剖面数据以太平山南坡的实测剖面为蓝本,开发了实测剖面记录表和相应的野外照片素材。在实测剖面记录表中设置了野外剖面调查中常见的场景和问题,比如地层跨分导线、地质三相交叉点等易错点和难点。野外照片主要是用于实测剖面录入系统,让学生学会照片与软件中信息的互联与挂接。在实测剖面的实例数据中,还增加了相应的岩性花纹代码和颜色代码,方便学生在实习作业中实现成果的统一化和规范化。

实测剖面数据主要满足:①实测剖面数据的室内录入、编辑和计算;②实测剖面图的绘制;③实测柱状图的绘制。

11.3.3 野外地质调查路线实例数据

野外地质调查路线实例数据主要包括 6 条周口店填图区的野外手图数据。为方便学生实习,实习数据在实际地质采集数据的基础上进行了适当的简化和补全,方便学生快速勾绘地质界线。

野外地质路线调查实例数据主要满足:①学生在图幅工程建立的基础上,实现野外手图的入库;②满足学生实际材料图的绘制;③满足学生地质图的绘制。

复习思考题

(1)简述 164 背斜的地质特征与发育历史。
(2)简述研究区内沉积岩沉积环境的演变顺序
(3)研究区内不同地质单元的接触关系是什么?分别代表什么地质意义?

12 秭归雾河数字地质填图实习

湖北秭归地区三大岩发育齐全,地层出露良好,不仅是我国最早的国际标准地层剖面所在地(震旦系标准剖面,如泗溪、九龙湾剖面),也是了解三峡地区地质历史演化的重要区域,因而成为我国乃至世界上重要的有关地学研究特别是华南地质研究基地。前人在秭归地区开展了1∶20万以及1∶5万区域地质调查,获取了大量基础地质数据。在以往地学专业秭归地质实习过程中,选择秭归雾河地区为填图区(图12-1),目的是通过实习训练学生掌握区域地质调查方法,并查明研究区内的地层结构单元、岩石的类型、地质构造、矿产分布等各种地质体特征。

图12-1 湖北秭归雾河地区位置图(红色图框表示)

12.1 自然地理概况

秭归县位处于中国湖北的西南部,属宜昌市。距湖北省会武汉市大约400km,从武汉市至秭归县交通运输极为方便,首先经武汉市至宜昌市的汉宜高速驶抵宜昌市,然后再通过宜昌市至秭归县的专用高速公路到达秭归县。

长江自西向东将秭归县一分为二,江北高,江南低。巫山山脉仍在该县境内,周围是深谷和宽阔的岩石山。县内的山脉相互对峙,大部分山脉趋向于北方,因此在秭归县形成了丘陵和山谷交错的盆地。由于受长江流域的影响,区内土地被深深地切割,很少有大的平原,多是零星的河谷梯田或小沟坝的沉淀,梯田坡地形成广,为中国三峡工程水力发电站坝上库首的第一地。

秭归县地处亚热带大陆性季风气候区域,气候温和湿润,阳光充足,多年平均气温都在18℃左右,同时降水充沛,多年平均降水量都在1 493.2mm,四季分明。秭归县矿藏资源非常丰富,全县现已发现矿产20余种,主要有铁、石灰岩、煤炭、金、重晶岩等矿产。此外,秭归地区自然资源丰富,长江"黄金水道"横贯秭归县境64km,自古便是长江上游流域的重要交通咽喉,因此水电发展具有很大发展潜力,小型水电站星罗棋布,目前秭归已建成全省农村水电初级电气化建设示范县,是全省农村水电中级电气化工程试点县。秭归是渝东鄂西的重要枢纽,长江流域上行的重要交通运输咽喉,境内外有长江黄金水道64km,国家高速公路1条,普通高速公路1条,省道5条(图12-2)。

图12-2 研究区地理位置图

秭归县名字源于《水经注》,"秭"由"姊"演化而来,获"最美外景地""我国诗词之乡"等荣誉称号。截至2018年底,秭归县有"屈原故里端午习俗"国家级非物质文化遗产名录1项,"屈原故里端午习俗""屈原传奇""长江峡江号子"等国家级非物质文化遗产名录3项,我国

AAA 级非遗 6 项,省市级非遗项目 14 项,全县非遗九大类项目 43 项;另外,共有我国 3A 级以上景点 5 个,其中包含 AAAAA 级景点 1 个、AAAA 级景点 2 个、AAA 级景点 2 个。

12.2 地质背景

12.2.1 地层

在实习区域中,新元古界见到的地层由老到新的顺序为:①南华系的莲沱组、南沱组;②震旦系的陡山沱组、灯影组(图 12-3、图 12-4)。

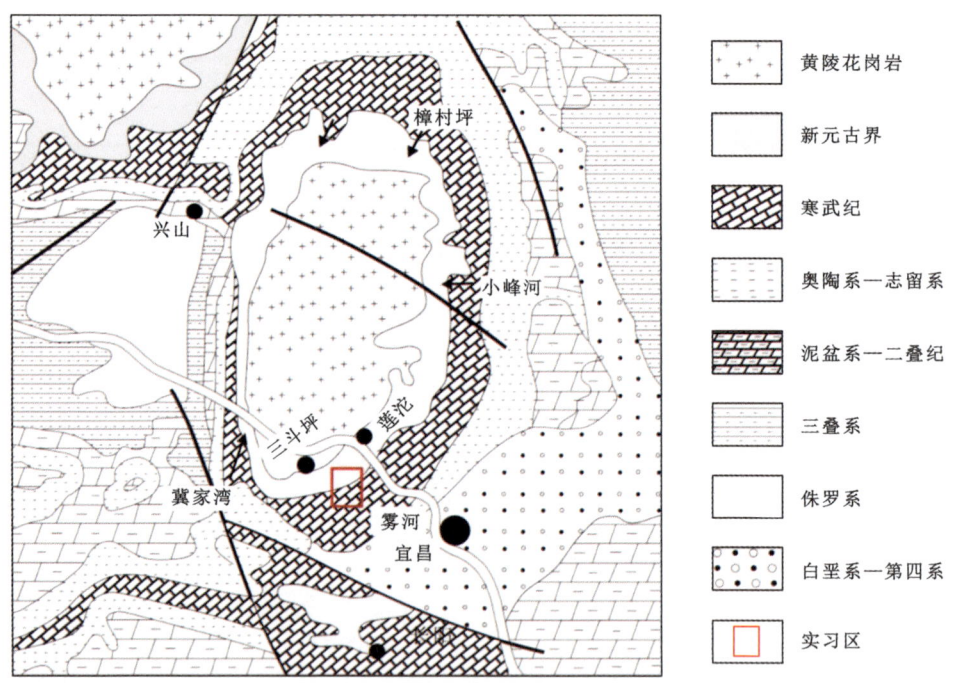

图 12-3　研究区地质背景以及实习区位置图(据吕苗等,2009 修编)

1. 南华系

莲沱组(Nh_1l):为紫红色及灰白色中厚中细粒凝灰质砂岩和紫褐色及黄绿色砂岩、砂质页岩。块状构造,含有很多小颗粒石英夹杂岩屑。地表物源丰富度不同导致岩层厚度有变化。莲沱组下方是风化严重的黄陵花岗岩体(深成岩),可见平行层理(未风化处),上下为不整合接触关系。

南沱组(Nh_2n):为灰绿色夹紫红色冰碛砾岩,无明显层理,含砾块,有些磨圆好,有些磨圆差,无分选性,砾石大小不等。岩性主要为砾岩,有少量的泥岩。南沱组与下层莲沱组为平行不整合接触关系。冰碛砾岩标志着雪球地球的出现。

a.寒武系岩家河组上部地层

b.陡山沱四段和灯影组一段分界点

c.莲沱组和南沱组分界线

d.南沱组与陡山沱组分界线

图 12-4　秭归地区地层分界线

2. 震旦系

陡山沱组(Z_1d)：分为 4 段，分别为陡一段、陡二段、陡三段、陡四段。

陡一段(Z_1d^1)(盖帽白云岩段)：陡山沱组一段为灰色—灰白色中厚层白云质碳酸盐岩(滴盐酸会冒泡但不剧烈)，有纹层状构造，底层有明显的溶蚀和充填构造，可见很多晶洞，充填的有一些垂向的小细脉，部分滴盐酸会大量冒泡，成分为方解石(水压裂隙充填)，部分是小的石英脉，滴盐酸不冒泡(后积充填)。与下层南沱组为平行不整合接触关系。盖帽白云岩标志着雪球地球时期的结束，地球正式进入埃迪卡拉纪。

陡二段(Z_1d^2)：陡山沱组二段为深灰色—黑色薄层泥质灰岩、白云岩与薄层炭质页岩和泥岩不等厚互层，部分风化后为黄褐色，具微晶结构。主要是白云岩，还有少量的页岩。白云岩上可见"围棋子状"硅磷质结核。

陡三段(Z_1d^3)：陡山沱组三段的岩性表现为灰白色厚层—中厚层—薄层状白云岩，中间夹灰黑色硅质燧石条带和燧石团块。岩石间产状不一致，较凌乱，可见断层。

陡四段(Z_1d^4)：陡山沱组四段的岩性表现为黑色中薄层炭质页岩以及硅质泥岩，中间夹黑色锅底灰岩(也叫白云质透镜体)，炭质页岩发育位基本都会出现锅底灰岩，两侧有薄层炭质页岩，层理也很均匀。

灯影组(Z_2dy)：分为 3 段，分别为灯一段、灯二段、灯三段。

灯一段(蛤蟆井段)(Z_2dy^h):蛤蟆井段为灰色—浅灰色中层夹厚层白云岩,风化面为土黄色,其上可见藻纹层白云岩,说明当时所处环境应为浅海环境,斗坪镇棺材岩危岩体向东南约100m处的观察点右侧可见一逆断层(判断依据:下盘层理扭曲受应力作用形成),也可见丘状层理、帐篷构造、暴风砾岩、集气或水。在和尚洞可见刀砍纹白云岩。与下层陡山沱组四段在区域上为整合接触关系。

灯二段(石板滩段)(Z_2dy^s):石板滩段为薄层—极薄层灰黑色泥晶白云岩、灰白色薄层泥晶灰岩,层理明显,风化面为黄褐色,滴盐酸剧烈冒泡,丘状交错层理(风暴原因)从下到上纹层越来越明显,与下段蛤蟆井段无断层沉积。

灯三段(白马沱段)(Z_2dy^b):白马沱段为灰白色厚层—中层状白云岩,局部层段硅质条带、结核发育,但在填图区并未观察到,风化面为黄褐色,中下部为中薄层细晶白云岩(钙质)。

12.2.2 实习区岩体

在湖北宜昌的黄陵背斜核部可见出露的黄陵花岗岩,与北面和西面的崆岭群(片麻岩、角闪岩和闪长岩)呈侵入接触关系,东面和南面被南华系莲沱组以平行不整合的接触关系覆盖,覆盖面积约900km²(图12-5)。黄陵花岗岩是扬子陆块北缘晋宁期的一次重要的岩浆活动的产物,形成了扬子地台北缘的低钾花岗岩带。黄陵花岗岩为扬子地台中唯一具有古老基岩和连续覆盖层的喷发事件。主要岩性为中粒黑云角闪英云(石英)闪长岩,岩石风化面呈灰褐色,新鲜面呈暗灰色—黑白相间的斑杂色,中粒结构为主(花岗结构),块状构造。常见副矿物为磁铁矿,次为磷灰石、钛铁矿、锆石等。已有的研究表明,黄陵花岗岩体是在地幔上涌、地壳伸展的背景中,下地壳部分物质重熔而侵位于太古界—古元古界结晶基底中的岩浆作用事件形成的。近年来,有学者注意到新元古代花岗岩是造山环境下形成的。

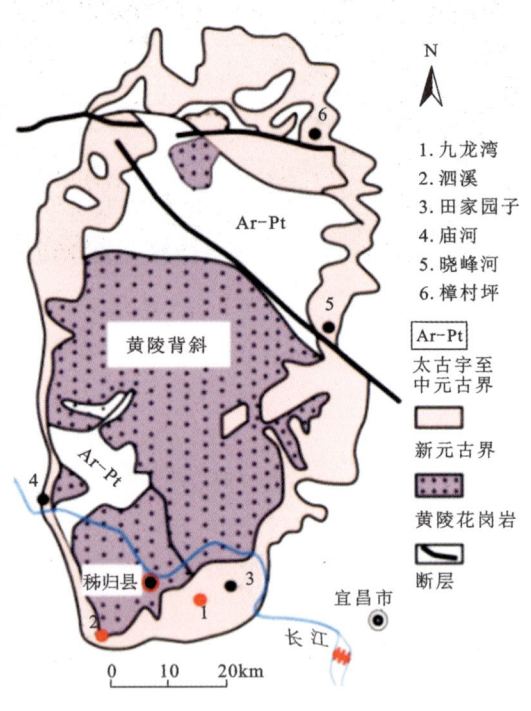

图 12-5 黄陵花岗岩分布图

12.2.3 实习区构造

花鸡坡灯影一段逆断层:在花鸡坡东南800m土三公路上观察灯影组一段时发现了一个逆断层,岩性主要为泥质白云岩。断层面产状为128°∠26°,下盘是陡二段的深灰色白云岩,上盘是陡三段夹燧石条带的灰白色白云岩,整体观察表面有刀砍纹(较为明显),反映曾发生过构造运动。东南30m可见盐丘,帐篷构造,同时可见风暴角砾岩。

周家坳正断层：发育在岩家河组—灯影组中，发育两个正断层，形成地堑。右侧断层的断层面倾向北西，无断层岩堆积形成的破碎带。左侧断层的断层面倾向南东，倾角自上而下逐渐减小。

12.2.4　实习区矿产

磷矿为中国鄂西地区比较重要的独特优势矿物，主要产于震旦系陡山沱组，属沉淀型的磷块化石矿藏，随后在灯影组以及志留系中也广泛发现了含磷反应。区内的陡山沱组中、上磷矿层较不成熟，下磷矿层可分成上、中、下3个层次，其磷矿主要散布在中、上层次：中层次在该区最成熟，厚薄较大，且品质最富，矿石中以条带磷块岩居多，次为块状磷块岩和磷质页岩，最厚达101.01m，最薄处仅为0.52m，矿体常由透镜状或似层状的富锂矿体断续形成。陡山沱组为深灰色灰岩，有磷硅质围棋子状，磷块主要产于陡山沱组二段的上部，由磷块岩、白云岩、页岩、砂(砾)岩、硅质岩组成含矿层。磷块岩矿床主要为层状，次为似层状、透镜状、扁豆状。磷矿石破碎主矿层多位于含矿层中部。含矿层中夹矿1~4层，厚度不等。矿石矿物主要为胶磷矿，次为碳(氟)磷灰石、细晶磷灰石，伴生矿物以水(绢)云母、白云石、方解石、黄(褐)铁矿、黏土矿物为多，另有海绿石、锆石、赤铁矿、锰矿等。

白云石矿在本区主要赋存在震旦系灯影组上层，通常厚度可达119.63m，形状规整，矿化稳定性较好，在中寒武统覃家庙群、三游洞群等都是白云石矿的主要产出层位。陡山沱组二段泥质白云石、陡山沱组三段灰白色厚层夹中层状富锂白云石、灯影组蛤蟆井段、灯影组白马沱段白云岩矿石的主体是方解石，也富含水泥浆、菱镁岩等，可用来制备普通硫酸镁、轻质硫酸镁等。

12.3　填图内容

秭归地区的地层区划属华南地层大区、扬子地层区、上扬子地层分区。区内地层发育齐全，也是扬子区地层研究的经典地区，包括新元古界南华系—下古生界志留系标准剖面以及2个金钉子剖面，依次出露元古宇、古生界以及中—新生代地层等，尤以新元古界至下古生界研究最好，上三叠统以来全部为陆相地层(彭松柏等，2014)。研究区内埃迪卡拉系与南华系相伴出现，其中广泛分布前南华纪变质基底，且南华纪以来沉积地层连续良好出露。根据实际情况采用1∶1万比例尺。主要填图内容包括：①地层填图单元，如莲沱组、南沱组、灯影组、陡山沱组、第四系；②岩体，如新元古代黄陵花岗岩体；③构造现象，如断层、节理等；④其他内容，公路、村庄等。

12.4　实习数据简介

雾河地区实习基地受到地形因素影响，部分区段的数据目前已较难获取，在实际教学过程中，实测剖面位置选取了雾河填图区以外的青林口剖面。本教学案例数据以雾河地区野外地质路线教学实际数据路线为蓝本，进行了相应的编辑和完善，与野外实际数据存在一定的差异,以满足室内数字地质调查课程的要求。数据包括基础地图数据、实测剖面数据、路线调查示例数据。

12.4.1 基础地图数据

基础地图数据主要包括图幅 H49G033037 秭归地区地形地质图,包括地质界线和地质体的矢量数据。数据包括坐标位置精准匹配和坐标未校正两种版本。矢量数据的存储格式为 DGSGIS,可以在数据地质调查系统中与 MapGIS 和 ArcGIS 数据进行转换。

基础地图数据主要满足以下教学任务:①满足数字地质调查过程中图幅工程 H49G033037 和手图工程的创建;②为数据的配准和校正提供基本素材;③为后期实测剖面、实际材料图和地质图的实习提供必要的基础素材与应用场景。

12.4.2 实测剖面数据

实测剖面数据以芝茅公路青林口剖面为蓝本,应用开发的实测剖面记录表和相应的野外照片素材。在实测剖面记录表中设置了野外剖面调查的常见场景和问题,比如地层跨分导线、地质三相交叉点等易错和难点。野外照片主要用于实测剖面录入系统中,让学生学会照片与软件中信息的互联和挂接。在实测剖面的实例数据中,还增加了相应的岩性花纹代码和颜色代码,方便学生完成实习作业中成果的统一和规范化。

实测剖面数据主要满足:①实测剖面数据的室内录入、编辑和计算;②实测剖面图的绘制;③实测柱状图的绘制。

12.4.3 路线调查示例数据

路线调查示例数据主要包括 4 条填图区的野外手图。为方便学生实习,在实际地质采集数据的基础上,对实习数据进行了适当的简化和补全,方便学生快速勾绘地质界线。

路线地质调查示例数据主要满足:①学生在图幅工程建立的基础上,实现野外手图的入库;②满足学生实际材料图的绘制;③满足学生地质图的绘制。

复习思考题

(1)简述黄陵背斜形成的原因以及对地层单元的影响。

(2)沉积环境如何影响陡山沱组和灯影组沉积特征的?

(3)根据地形地貌和地质特征,在此地区开展数字地质调查的优势和挑战是什么?

13 武汉喻家山数字地质填图实习

武汉喻家山基地位于中国地质大学(武汉)南望山校区,面积约为 25km², 步行即可穿越全区。该区大地构造位置处于扬子板块(地台)北缘,地层为古生界台型盖层沉积。岩性以碎屑岩类为主,发育褶皱、断层等构造类型,第四纪地貌类型较为齐全,旅游地质景点丰富,是基础地质课间实习和国土资源调查实习的良好场所。

13.1 自然地理概况

实习区位于武汉市东南部,行政区划属于武汉市洪山区(因其境内有洪山而得名),区、乡、村各级公路在区内纵横交错,交通十分便利。

实习区属亚热带季风湿润区,降水量充沛,四季分明,干湿明显,无霜期长,适宜蔬菜等农作物生长和渔牧业养殖。全年无霜期平均为 240~205d,年平均降水量为 1150~1190mm,主要集中在 4—8 月,为农业、渔业、畜牧业的发展提供了优越的气候条件,通常春夏多雨、秋冬少雨,日降水量最多达 248mm,秋冬降水较缓和,冬季时有干旱发生。一年中气温变化大,最热的 7 月份平均气温在 29℃ 左右,最冷的 1 月份平均气温为 4℃,具有夏季高温、冬季冷冻的特点,年均气温为 16.3℃,年均降水量为 1163mm。加上长江环绕全区东北西三面,湖泊星罗棋布,地势略有起伏,故湖泊效应、垄岗效应、城市效应明显。

实习区位于大别山南缘,江汉平原北东缘。地貌上以低山丘陵区为主,主要由南望山、喻家山等多个低山丘组成,呈近东西向断续展布,与东湖等天然湖泊交相呼应。低山坡角较缓,在 10°~35°,海拔一般在 60~110m,海拔最高者为喻家山(149.4m),最低洼处为东湖。海拔 100m 以上者多见有基岩出露,海拔 100m 以下的低丘及山间凹地多为近代残坡积物堆积。以黄棕壤土和少量红壤土为主,垄岗中部以黄棕壤土为主,土质黏性重,垄岗上部为少量红壤土,酸性强,土层薄。

实习区地表水资源非常丰富,湖泊塘堰在区内星罗棋布(东湖、喻家湖),是著名的"江汉湖群"的重要组成部分。区内地下水赋存在碳酸盐岩类含水层及碎屑岩裂隙水含水层中,富水性极不均一,多被第四系覆盖。在岩石破碎、断裂发育、岩溶发育处,岩溶水及裂隙水明显富集。区内地下水化学类型主要为重碳酸盐类地下水,属低矿化度淡水,水质较好。

实习区内现已探明矿产种类有玻璃石英矿、建筑石材、砖瓦黏土、水泥黏土及矿泉水等。研究区地处有"鱼米之乡"称呼的江汉平原东部,农业以稻谷为主,经济作物以蔬菜为主,经济林木有油桐、板栗、枇杷、核桃、柑橘、猕猴桃等。区内湖港纵横,气候温和,为发展水产养殖业提供了优越的条件,有浮萍、水葫芦、莲藕等水生植物,有鲤鱼、鳙鱼(胖头鱼)、鲫鱼(喜头鱼)、团头鲂(武昌鱼)等丰富养殖品种。

13.2 地质背景

13.2.1 实习区地层

实习区的地层跨秦岭、扬子两个一级地层区,第四系堆积物分布最广,面积占总面积80%以上,基岩仅在南望山、喻家山、九峰山、狮子山等低山处有出露,主要为志留系粉砂岩、泥盆系石英砂岩、石炭系灰岩和白云质灰岩、二叠系硅质岩等。志留系页岩常组成背斜核部,背斜两翼依次为泥盆系、石炭系、二叠系、三叠系岩层。

实习区由于受第四系覆盖、河湖众多及构造因素的影响,地层出露不全,仅出露中志留统坟头组($S_2 f$)、上泥盆统五通组($D_3 w$)、下二叠统孤峰组($P_1 g$)以及第四系沉积物(Q),石炭系地层未见地表出露。地层岩性组简述如下。

中志留统坟头组:上部为灰褐色厚层状中粒石英砂岩、长石石英砂岩、粉砂岩;中部为一套棕黄色中厚层状—厚层状杂砂岩夹粉砂质页岩,局部含磷结核;下部为黄绿色粉砂质页岩、页岩、泥质粉砂岩。

上泥盆统五通组:上部为灰白色厚层状纯石英砂岩,偶夹白色黏土层;下部为灰白色厚层—巨厚层状中细粒石英质砾岩、含砾石英砂岩,砾石为脉石英。与下伏中志留统坟头组地层呈平行不整合接触关系,接触面上可见铁铝质古风化壳。

下二叠统孤峰组:上部为灰色薄层—厚层状硅质岩;下部为灰黑色厚层状瘤状灰岩、白云质灰岩,与下伏地层接触关系被覆盖。

第四系全新统为冲积、湖积、湖冲积层及坡残积成因的砾石、砂黏土等。

第四系坡积物常分布于山坡脚处,特别是上泥盆统五通组与下二叠统孤峰组之间,即上石炭统黄龙组和下二叠统栖霞组分布区,以含石英砂岩、石英质砾岩和硅质岩碎块的残积物、土壤为主,多为鲜红色—褐红色。

第四系残积物常分布于山前平缓地带,特别是中志留统坟头组下部粉砂岩分布区,以褐黄色残积物及土壤为主,很少含砾石。

第四系湖积物常分布于东湖湖汊等低洼地带,以灰色—深灰色黏土、粉砂质黏土为主。

13.2.2 实习区构造

实习区在大地构造位置上处于扬子板块北缘,襄樊-广济断裂南部,主要受控于燕山期构造运动,发育一系列走向东西至北西西向的线型褶皱,北西、北西西、北东和近东西向的正断层、逆断层及逆掩断层。其中,褶皱在本区占主导地位,并对其他构造有一定的控制作用。主体构造线近东西向,在南北向主应力作用下,还发育有其他一些次一级的构造形迹。区内现代构造运动呈缓慢下降趋势,新构造运动升降幅度不大,是一个相对稳定的地区。

1. 褶皱

本区褶皱自北向南依次有磨山向斜、大李村背斜、园林学校向斜。

磨山向斜:是本区发育较为完整的、轴迹呈近东西向延伸的小型开阔向斜。该向斜核部地层由上泥盆统五通组含砾石英砂岩、石英砂岩所组成,构成了山脊,是向斜成山的实例。向斜两翼地层由中志留统坟头组泥质页岩、粉砂岩、砂岩组成。岩层相向倾斜,北翼产状为 $170°\angle30°\sim40°$,南翼产状为 $10°\sim20°\angle30°\sim50°$。近核部岩层倾角变缓,一般在 $15°\sim20°$;转折端圆滑开阔,轴面近直立;枢纽在东西两端仰起,在区域上长 20km,宽 0.81km,属于直立倾伏型褶皱。

大李村背斜:位于磨山—风筝山之间,与磨山向斜平行展布。核部由中志留统坟头组砂页岩组成,北翼为磨山向斜的南翼,南翼依次由上泥盆统五通组、石炭系、下二叠统孤峰组组成,地层发生倒转,向北倾斜,倾角为 70°左右。大李村背斜在区域上长 40km,宽 2km,由于覆盖区影响,褶皱形态不如磨山向斜清楚,但是根据核部宽度和两翼产状变化,可以判定该背斜应为一转折端宽缓的倒转箱状背斜。

园林学校向斜:位于风筝山—喻家山之间,为大李村背斜相邻褶皱。核部被第四系覆盖,北翼与大李村背斜共翼,南翼依次出露上泥盆统五通组、下二叠统孤峰组、中志留统坟头组,北翼产状陡立或部分倒转,南翼产状一般正常。延伸长 40km,西至长江大桥。该向斜宽度小,表现为箱状向斜。

2. 断层

本区断层主要是基于褶皱发展起来的,可分为近东西向的纵断层和近南北向的横(斜)断层。断层规模相对较小,平面上延伸不长,如地大水塔断层。

纵断层组:已观察到的纵断层有磨山、风筝山南北坡、喻家山共 4 条,它们规模大小不一,走向近东西。标志为地层缺失、产状突变、岩石破裂、摩擦镜面和阶步发育等,并常被横(斜)断层切错。断层面均较陡立,微向北倾斜,断面擦痕多组,属多次活动断层性质。

横(斜)断层组:野外观察到的横(斜)断层位于磨山南北坡、喻家山等地,走向近南北,标志有地层沿走向被切错、切割纵断层,破碎带,向斜核部宽窄突变等。断层面较陡,倾向或东或西。

13.2.3 实习区地质演化简史

中志留世,实习区以沉积物堆积为主,沉积堆积速度超过了地壳沉降速度,导致海水变浅,形成海退。中志留世后期,扬子板块抬升成为陆地而接受风化剥蚀,缺失了晚志留世至中泥盆世近 60Ma 的地质记录,形成了由铁铝氧化物及氢氧化物组成的古风化壳,这是加里东运动在本区内的具体表现。晚泥盆世,海水由南西向北东形成海进,在黄绿色砂页岩上沉积底砾岩、石英砂岩夹白色黏土岩,产陆生植物化石,代表了潮湿气候下的河湖沉积。由于毗邻大别山边缘,岩层中偶见海相腕足类化石,说明当时沉积环境为海陆交互过渡,在此后形成海退。晚石炭世,海水又广泛海进而浸没本区,不但出现大量海生动物,如腕足类、珊瑚等,而且海水相对较深,形成了碳酸盐岩及硅质岩,此后一直延续至晚三叠世晚期。中—晚三叠世,地壳发生了大规模运动,本次运动以水平运动为主要特点,地史上称为印支运动。该次构造运动使本区受到了近乎南北方向的强烈挤压,使中志留统——下三叠统地层缩短而产生褶皱。褶皱轴向近东西,并伴有走向近东西的纵断层及其他方向的横(斜)断层。至此,本区结束了海相沉积的历史,形成了现在的构造格局。

13.3 实习数据简介

喻家山地区实习基地实习数据主要基于赵温霞、曹树钊、汪新庆等 2001 年开展的地质调查数据,在实际教学过程中,实测剖面位置选取南望山剖面。本教学案例数据以喻家山—南望山野外地质路线教学实际数据路线为蓝本,进行了相应的编辑和完善,与野外实际数据存在一定的差异,以满足室内数字地质调查课程的要求。数据包括基础地图数据、实测剖面数据、路线调查示例数据。

13.3.1 基础地图数据

基础地图数据主要包括图幅 H50G036007 遥感影像以及喻家山地区地质地形图,包括地质界线和地质体的矢量数据。数据包括坐标位置精准匹配和坐标未校正两种版本。矢量数据的存储格式为 DGSGIS,可以在数据地质调查系统中与 MapGIS 和 ArcGIS 数据进行转换。

基础地图数据主要满足以下教学任务:①满足数字地质调查过程中图幅工程 H50G036007 和手图工程的创建;②为数据的配准和校正提供基本素材;③为后期实测剖面、实际材料图和地质图的实习提供必要的基础素材与应用场景。

13.3.2 实测剖面数据

实测剖面数据以南望山剖面为蓝本,应用开发的实测剖面记录表和相应的野外照片素材。在实测剖面记录表中设置了野外剖面调查的常见场景和问题。野外照片主要用于实测剖面录入系统中,让学生学会照片与软件中信息的互联和挂接。在实测剖面的实例数据中,还增加了相应的岩性花纹代码和颜色代码,方便学生完成实习作业中成果的统一和规范化。

实测剖面数据主要满足:①实测剖面数据的室内录入、编辑和计算;②实测剖面图的绘制;③实测柱状图的绘制。

13.3.3 路线调查示例数据

路线调查示例数据主要包括 3 条填图区的野外手图。为方便学生实习,实习数据在实际地质采集数据的基础上进行了适当的简化和补全,方便学生快速勾绘地质界线。

路线地质调查示例数据主要满足:①学生在图幅工程建立的基础上,实现野外手图的入库;②满足学生实际材料图的绘制;③满足学生地质图的绘制。

参考文献

地质部地质辞典办公室,1982.地质辞典(五):地质普查勘探技术方法分册·上册[M].北京:地质出版社.

付偲,李超岭,张海燕,等,2023.基于多模态特征融合的地质体识别方法[J].地球科学,48(10):3743-3752.

何海之,1993.地质调查工作方法简明教程及周口店地质(上册、下册)[M].武汉:中国地质大学出版社.

何俊,张彩庆,李小珍,等,2020.面向深度学习的多模态融合技术研究综述[J].计算机工程,46(5):1-11.

李超岭,李丰丹,刘畅,等,2016.数字地质调查理论、技术方法与软件平台[M].北京:地质出版社.

李超岭,李丰丹,刘畅,等,2024.AI地质图生成技术与方法:基于地质路线深度学习[M].北京:地质出版社.

李超岭,于庆文,杨东来,等,2003.PRB数字地质填图技术研究[J].地球科学——中国地质大学学报,28(4):377-383.

刘刚,汪新庆,赵温霞,等,2001.《计算机辅助区域地质填图实习系统》的研制与基地班野外实践教学改革[J].中国地质教育(3):32-35.

刘刚,吴冲龙,汪新庆,2003.计算机辅助区域地质调查野外工作系统研究进展[J].地球科学进展,18(1):77-84.

吕苗,朱茂炎,赵美娟,2009.湖北宜昌茅坪泗溪剖面埃迪卡拉系岩石地层和碳同位素地层研究[J].地层学杂志,33(4):359-372.

彭松柏,张先进,边秋娟,等,2014.秭归产学研基地野外实践教学教程·基础地质分册[M].武汉:中国地质大学出版社.

宋春青,邱维理,张振春,2005.地质学基础[M].北京:高等教育出版社.

谭应佳,叶俊林,1987.北京周口店地区地质及地质教学实习指导书[M].武汉:武汉地质学院出版社.

童金南,徐冉,袁晏明,2013.北京周口店地区岩石地层及沉积序列和沉积环境恢复[J].地球科学与环境学报,35(1):15-23.

吴信才,2002.地理信息系统原理与方法[M].北京:电子工业出版社.

熊春宝,2020.测量学[M].天津:天津大学出版社.

杨森楠,杨巍然,1985.中国区域大地构造学[M].北京:地质出版社.

赵温霞,李方林,周汉文,2003.周口店地质及野外工作方法与高新技术应用[M].武汉:

中国地质大学出版社.

郑人瑞,吴登定,杨宗喜,等,2019.全球地质调查发展新动向与新趋势:国外主要国家地质调查机构新一轮发展战略综述[J].地质通报,38(11):1769-1776.

周仁元,赵得思,郝福江,2009.区域地质调查工作方法[M].北京:地质出版社.

ALMURIEB H A,BHAYA E S,2020. SoftMax neural best approximation[C]//IOP Conference Series:Materials Science and Engineering,871(1):012040.

KRIZHEVSKY A,SUTSKEVER I,HINTON G E,2012. ImageNet classification with deep convolutional neural networks[C]// Advances in neural information processing systems 25. [S. l.]:[s. n.]:1097-1105.

LI C,LI F,LIU C,et al,2024. Deep learning-based geological map generation using geological routes[J]. Remote Sensing of Environment:an Interdisciplinary Journal,309:114214.

NAIR V,HINTON G E,2010. Rectified linear units improve restricted Boltzmann machines[C]// Proceedings of the 27th International Conference on Machine Learning,June 21,2010. Haifa:[s. n.]:807-814.

ORIEL S S,GABRIELSE H,HAY W W,et al.,1983. North American stratigraphic code[J]. AAPG Bull,67:841-875.

PAVLIS T L,LANGFORD R,HURTADO J,et al.,2010. Computer-based data acquisition and visualization systems in fieldgeology:results from 12 years of experimentation and future potential[J]. Geosphere,6(3):275-294.

PLAGIANAKOS V P,MAGOULAS G D,VRAHATIS M N,2001. Improved learning of neural nets through global search[M]//MASTORAKIS N E. Advances in neural networks and applications. New York:Springer US,2001:361-388.

STURKELL E,JAKOBSSON M,GYLLENCREUTZ R,2008. How true are geological maps? An exercise in geological mapping[J]. Journal of Geoscience Education,56(4):297-301.

THORLEIFSON H,BERG R C,RUSSELL H A J,2010. Geological mapping goes 3-D in response to societal needs[J]. GSA Today,20(8):27-29.

WRIGHT B E,STEWART D B,1990. Digitization of a geologic map for the Quebec-Maine-Gulf of Maine global geoscience transect[R]. Reston:U. S. Geological Survey.

选题策划：王凤林
责任编辑：唐然坤
封面设计：果涵图文

中国地质大学出版社官网

出版社线上购书平台

ISBN 978-7-5625-6208-5

定价：36.00元